武昌历史文化丛书编委会／编

WU CHANG

武昌工业
遗产概览

Wuchang
Gongye Yichan Gailan

武昌历史文化丛书

何璇 著

武汉出版社
Wuhan Publishing House

（鄂）新登字 08 号

图书在版编目（CIP）数据

武昌工业遗产概览 / 何璇著. — 武汉：武汉出版社，2021.6
（武昌历史文化丛书）
ISBN 978 - 7 - 5582 - 4622 - 7

Ⅰ. ①武…　Ⅱ. ①何…　Ⅲ. ①工业建筑 - 文化遗产 - 介绍 - 武昌区　Ⅳ. ①TU27

中国版本图书馆 CIP 数据核字（2021）第 097952 号

武昌工业遗产概览

著　　者：何　璇
出 品 人：朱向梅
策划编辑：胡　新
责任编辑：齐大勇
封面设计：马　波
出　　版：武汉出版社
社　　址：武汉市江岸区兴业路 136 号　　邮　　编：430014
电　　话：(027)85606403　　85600625
http://www.whcbs.com　　E-mail：zbs@whcbs.com
印　　刷：湖北新华印务有限公司　　经　　销：新华书店
开　　本：787 mm×1092 mm　1/16
印　　张：12.5　字　数：150 千字
版　　次：2021 年 6 月第 1 版　　2021 年 6 月第 1 次印刷
定　　价：39.00 元

序 一
Preface

"求木之长者，必固其根本；欲流之远者，必浚其源泉。"一个城市的生命和灵魂，来自深厚的历史底蕴与坚实的文化内核；一个城市的品位和底气，离不开强大的文化自信与不竭的创新动力。挖掘历史资源、激活文化基因，事关精神命脉的传承，事关城市的永续发展。

有着近一千八百年建城史的武昌，历史悠久，文脉绵长。在这里，一座古城，风韵悠然，阔步前行，穿越千年沧桑；一处名楼，文人墨客，咸集诗赋，各领绝代风骚；一件大事，辛亥首义，敢为人先，改变中国历史；无数英豪，指点江山，前仆后继，浴血谱写辉煌。因为有了历史和文化的充分滋养，武昌始终生机勃勃、活力无限，为荆楚文化在中华文明总谱系中留下独特的基因和符号提供了丰富的给养。这片有着绚烂历史和强烈魅力的土地，一直等待着我们去发现、去感受、去领略、去彰显。

正因如此，我们有优势、有情怀，更有责任、有义务弘扬武昌的优秀历史文化，把武昌故事讲好，把武昌自信提升好，把武昌力量凝聚好。与其他展示武昌历史文化的论著不同，这套丛书全面系统梳理了多年散落在民间、口口相传的武昌老故事，通过精心的考证，深入挖掘其中蕴含的思想观念、人文精神和道德规范，并适应时代发展进行继承和创新，凸显出武昌发展的个性和魅力——从这个层面上讲，这套丛书的意义已经远远超出了文史资料的价值，它是武昌文脉的复现，为活化武昌文化遗产、树立武昌城市精神、提振市民精气神将作出独有的贡献。

　　丛书立足武昌历史根脉，突出武昌文化核心元素，在时间上自公元 223 年孙权建筑夏口城起至 20 世纪 60 年代，在空间上以武昌区现在的行政区划为主，分为"综合""武昌人物""武昌风物""武昌景物""武昌文物"和插画版"武昌指南"六个系列，将为武昌发展作出重大贡献的历史人物、影响历史进程的重大事件与武昌地域特色文化相结合，用群众喜闻乐见的语言讲历史故事、叙文化传统、说武昌古今。本书内容上具备理论高度、学术价值和思想深度，形式上明白晓畅，通俗易懂，能够激起读者情感共鸣，兼具历史性、时代性、知识性、可读性与权威性，可谓宣传推介武昌的集大成之作。

　　今天，武昌的经济体量已进入"千亿级"时代，站在新的起点，文化软实力正是提升我们综合竞争力和可持续发展能力的关键因素。习近平总书记说，"文化自信是一个国家、一个民族发展中更基本、更深沉、更持久的力量"，在建设创新型城区和国家中心城市核心区的征程上，我们更要"以古人之规矩，开自己之生面"，更要坚守中华文化立场，传承中华文化基因，展现中华审美风范。愿我们携起手来，共同努力，让传统文化与现实文化相融相通，让个体情感与集体情感同频共振，为新时代武昌的改革创新发展注入每一个人的家国情怀！

　　为策划、编纂和出版这套丛书，一大批专家学者以及许多市区老领导、政协委员都倾注了深厚的感情，为丛书的诞生奠定了坚实的基础，在此，由衷感谢他们为发展、延续武昌历史文化付出的巨大心血！

刘　洁

2018 年 12 月

/序 二/
Preface

　　酝酿已久的《武昌历史文化丛书》终于要正式出版了，作为一个历史工作者和这套丛书的专家委员会主任，我感到由衷的高兴，十分乐意借写序的机会，同大家分享一下我的几点感想。

　　第一，为什么要出版《武昌历史文化丛书》？

　　武汉三镇之中，当属武昌的历史最为悠久，早在春秋战国时期，楚国就在这一地区设有封君夏侯。三国时期，孙权将东吴政治中心迁鄂（今鄂州市），寓"以武而昌"之意，改鄂名为"武昌"，这是武昌之名的由来。公元223年，孙权在江夏山（蛇山）筑夏口城，从而开启了武昌古城的历史，至今已近一千八百年。从元代设湖广行省起至清末，武昌一直是省级大区域行政中心。北伐战争后，改武昌县为武昌市。1927年，武汉三镇在行政区划上正式统一为一市。1949年武昌解放后，成为中共湖北省委、省人民政府所在地，在1952年调整区划后，正式成立武昌区人民政府。

　　千百年来，武昌因其独特的地理区位，始终处于社会变革的最前沿，承载着中华民族波澜壮阔的历史变迁，书写着气势磅礴的历史画卷。武昌人文底蕴深厚。屈子行吟，崔颢题诗，李白唱和……近代以来，张之洞督鄂，兴实业，办教育，练新军，新旧学堂并起，东西文化交融，风气大开，武昌由此奠定了全省文化中心的地位，诚如张之洞题黄鹤楼楹联中云："昔贤整顿乾坤，缔造先从江汉起；今日交通文轨，登临不觉亚欧遥。"武昌自然风光秀丽。东湖、沙湖、紫阳湖等，妩媚多娇；洪山、蛇山、珞珈山等，玲珑别致；黄鹤楼、宝通寺、长春观等，景色优美。山灵水秀，人文荟萃，让武昌成为最适宜居住的城区。

武昌历史悠久、文化厚重、科教区位优势明显，是武汉的城市文化名片，而《武昌历史文化丛书》正是一套向世人充分展示武昌这座历史文化名城的独特魅力和风采的作品。

第二，如何编好《武昌历史文化丛书》？

武昌是武汉文脉沉淀之地，积累了丰厚的文化资源，如黄鹤楼文化、辛亥首义文化、名人文化等，此前也有若干零星介绍武昌历史文化的图书，而这套丛书则是第一次全面系统梳理千年古城的历史文化、系统挖掘武昌历史文化资源的重要工程。

本丛书在整体设计上分为六个系列，形式新颖，内容全面，体系完整，时间上从公元223年至1960年代；空间上以现有武昌区行政区划为主，必要时以历史上的大武昌概念为界定，将为武昌发展作出重大贡献的历史人物、影响历史进程的重大事件与武昌地域特色文化相结合，激活武昌文化基因，展现真实、立体、全面的武昌，集中呈现武昌深厚的文化底蕴。

在作者的选择上，着重选择了对武昌历史文化素有研究的专家学者；在内容上，利用新史料，体现研究新成果，集历史性、权威性、知识性、可读性于一体；在形式上，采取图文并茂的形式。

第三，编撰《武昌历史文化丛书》的意义何在？

习近平总书记在党的十九大报告中指出："文化兴国运兴，文化强民族强。没有高度的文化自信，没有文化的繁荣兴盛，就没有中华民族伟大复兴。"只有对自身文化有高度的自信，才可能带来武昌的繁荣兴盛。在新时代下，启动这套丛书的编撰，既体现了武昌区委、区政府的远见，也可谓正逢其时。

该丛书既是在新时代第一次全面、系统挖掘武昌历史文化资源的重要文化工程，也是响应市委、市政府建设"历史之城、当代之城、未来之城"号召的实践成果，更是加快建设现代化、国际化、生态化大武汉，全面复兴大武汉的具体举措，功在当代，利在千秋。

本丛书立足武昌，深入挖掘其中所蕴含的思想观念、人文精神、道德规范，并结合时代要求继承创新，突出展示武昌最具特色的核心文化元素，集中挖掘城区的文化根脉，讲好武昌故事，传承历史文化记忆，对于传承武昌区优秀的历史文化、提升居民文化自信、推进城区文化建设具有重大的现实意义，必然成为武汉市打造国家中心城市和世界亮点城市规划中绚丽的一环。

关于学习历史的意义，习近平总书记在中央党校建校80周年庆祝大会暨2013年春季学期开学典礼上讲道："学史可以看成败、鉴得失、知兴替。"从武昌悠久、丰厚的历史文脉当中，我们也一定可以看清她的成败、得失、兴替，从而以更加清醒的头脑和更为厚重的历史感，借改革开放四十年的东风，更好地了解武昌、建设武昌、发展武昌。

是为序。

马　敏

2018 年 12 月于武昌桂子山

/前 言/
Forword

　　习近平总书记在北京前门东区视察时提出，"要把老城区改造提升同保护历史遗迹、保存历史文脉统一起来，既要改善人居环境，又要保护历史文化底蕴，让历史文化和现代生活融为一体。"① 党的十九大将深化供给侧结构性改革和文化建设置于重要地位，作出了加快建设制造强国和坚定文化自信的战略部署。工业文化是中国特色社会主义文化的重要组成部分，而工业遗产是工业文化的重要载体。随着经济的快速发展，我国正逐步进入后工业化时代，城市化建设与城市产业结构调整正加快推进，许多老矿厂停产搬迁，一批重要工业遗产面临灭失风险。国内各大城市工业遗产的保护与再利用成为我国迫切需要解决的问题，引起社会各界的广泛关注。我国自 1985 年加入世界遗产公约后，开始重视对工业遗产的保护，国务院所公布的全国重点文物保护单位中陆续有工业遗产列入。2006年 4 月 18 日，中国工业遗产保护论坛讨论并通过了首个对我国工业遗产保护起到宪章作用的《无锡建议》，同年5 月，国家文物局下发《关于加强工业遗产保护的通知》。随后，国家相继出台《关于推进城区老工业区搬迁改造的指导意见》《关于推进工业文化发展的指导意见》《国家工

---

①　2019 年 2 月 1 日，习近平总书记到北京前门东区步行察看街巷风貌时的讲话。

业遗产管理暂行办法》等政策，陆续公布《中国工业遗产保护名录》《国家工业遗产名单》。工业遗产保护与利用成为我国极具战略性、重要性、紧迫性的新课题。

武昌区作为我国中部地区的重要城区，因其九省通衢的区位、便利的水陆交通、鱼米之乡的基础条件，近代以来一直是中国工商业的重镇，是中国近现代工业的发祥地之一。张之洞督鄂以来，武汉近代工业兴起，建立了一批近代工业企业；新中国成立后，一批"武字头"工业企业声名鹊起。从全国范围来看，在武汉市政府指导下，武昌区工业遗产保护工作起步较早，政府编制保护规划、普查并公布保护名录、建构"两轴四片"的保护结构，工业遗产保护与再利用取得一定成效。但相对西方发达国家和我国上海、成都、广州等地，武昌区工业遗产保护还存在一定的差距与不足。

党的十八大以来，习近平总书记高度重视自然与文化遗产的保护工作，从留住文化根脉、守住民族之魂的战略高度作出一系列重要指示与相关部署，并身体力行，频频实地考察。在中共中央政治局第二十三次集体学习中，习近平总书记在上海考察期间，高度肯定了滨江岸线从昔日"工业锈带"到如今"生活秀带"的亮丽转型，并强调"要妥善处理好保护和发展的关系，注重延续城市历史文脉，像对待'老人'一样尊重和善待城市中的老建筑，保留城市历史文化记忆，让人们记得住历史、记得住乡愁，坚定文化自信，增强家国情怀"。① 在国家建设制造强国、文

① 2019 年 11 月 2 日，习近平在上海杨浦区滨江公共空间杨树浦水厂滨江段考察时的讲话。

旅融合与提升文化自信的战略部署下，武昌区工业遗产保护工作刻不容缓。

本书参照《无锡建议》对工业遗产的释义，将工业遗产界定为具有历史学、社会学、建筑学和科技及审美价值的工业文化遗存。包括工厂、车间、仓库、店铺等工业建筑物，矿山、相关加工冶炼场地，能源生产和传输及使用场所，交通设施、工业生产相关的社会活动场所、相关工业设备，以及工艺流程、数据记录、企业档案等物质和非物质文化遗存。从时间上看，鸦片战争以来的中国民族工业、国外资本工业，以及新中国的社会主义工业，[①] 见证并记录了近现代武昌地区社会的变革与发展所留下的各具特色的遗产。

本书以工业遗产类别为框架，依据《武汉市工业遗产保护与利用规划》以及武汉大学即将出版的《工业遗产百科全书》对工业遗产企业进行具体划分，从行业类型上涵盖轻工业、重工业、工业老字号、交通设施等具有武汉市近现代工业发展特点的重要行业，并结合武汉市 2013 年、2017 年发布的武汉市第一批、第二批工业遗产保护名录对武昌区相关一、二、三级工业遗产进行明确介绍，便于读者全面了解，加强对武昌工业遗产的认识，提升市民文化自信，促进武昌区城市文化建设，守护我们共同的文化遗产，进而推动武汉加快建成国家中心城市与大武汉城市文化复兴，助力湖北实现中部崛起，传播中华民族优秀传统文化。

---

① 戴逢主编、《中国城市发展报告》编辑委员会编：《中国城市发展报告 2006》，北京：中国城市出版社, 2007 年，第 460 页。

目　录 /Contents

一、武昌工业遗产概况

武昌，因三国时期吴主孙权在今鄂州建都，寓意"以武而昌"，改当时的鄂为武昌而得名。今武昌，即本书中"武昌"，为武汉市武昌区，是湖北省委、省政府所在地，湖北省的政治、经济、文化和信息中心，武汉市的科教文化中心，在武汉三镇中占有重要地位，是华中金融总部区、江南核心区，是武汉长江主轴右岸的中心地带，是"首府之区、首义之区、首创之区、首善之区、首位之区"。

武昌地区作为中国近代工业的发祥地之一，其工业发展历史悠久，从兴起到繁荣，从外资经营垄断到独立自主建设，走过了百余年的征程。武昌区近代工业诞生于鸦片战争后、19世纪末，在社会转型、西学东渐的大背景下，武昌区开启近代工业的创办与发展之路，西方资本主义国家相继在此投资办厂，张之洞督鄂后兴起了以纱麻丝布四局、白沙洲造纸厂、湖北毡呢厂为代表的官办工业企业，民营工业企业也开始兴起。辛亥革命后，清王朝灭亡，武汉出现兴办工业的热潮，武昌工业在此时得到长足的发展。即使这一时期工业发展受到国内外多重不利因素的影响，但武昌工业在曲折中艰难前进，迎来"黄金期"，创办了以武昌第一纱厂、震寰纱厂、裕华纱厂、武昌机器厂为代表的民营工业企业，呈现出投资规模扩大、从以官办工业为主导转变为以民办企业为主导、轻工业逐步成为主要产业等新特点。1937年至1949年间，因战乱频繁、政局不稳、社会动荡等原因，武昌大部分工业企业内迁，发展成为抗战大后方工业的主要力量之一，在抗战结束后艰难恢复。新中国成立后，武昌地区的工业从一片荒芜中开始重建，工业建设向社会主义工业体系迈进。为迅速恢复工业生产，政府不断加强对工业生产的组织与领导，完成武汉重型机床厂、武汉锅炉厂、武昌造船厂、武昌车辆厂等一大批重要工业项目。系统、全面地厘清武昌区工业发展的历史过程，是摸清武昌工业遗产家底、探析其区域布局、制订行之有效的保护规划、活化利用武昌工业遗产的基础与前提。

武昌近代工业布局依托城镇基础，沿长江、汉水、公路和铁路交通干线展开，这种工业布局奠定了之后数十年武昌工业及城市空间的基本格局并一直延续到20世纪90年代工业调整之前。与武昌工业发展布局相对应，武昌工业遗产布局具有沿江、沿路、成片的空间分布特征，且多呈散点状分布于城内或城郊的沿江、沿路等交通要道地带。在"第一个五年计划"和"第二个五年计划"期间，武汉工业项目按照工业区位原则进行选址，并借鉴苏联模式按照地域生产综合体形式来建设工业区，形成了武昌区内沿江河和山脊线分布的呈现工业集聚特征的余家头工业区、白沙洲工业区、钵盂山工业区、答王庙工业区等大中型工业区：（1）余家头工业区。位于武昌城区长江岸边。在传统棉纺厂址上扩建而成。其中包含有武汉印染厂、武汉毛纺厂、国棉二厂等棉毛化纤全套纺织工业企业，为以纺织业为主的工业区。（2）答王庙工业区。以武汉重型机床厂为主，还包含武汉无线电二厂、武汉电视机总厂等精密机械及电子工业企业，为以机械电子业为主的工业区。（3）钵盂山工业区。位于武昌钵盂山，该工业区以武汉锅炉厂为主体，还有多个机械、电气工厂，为以机械、电气业为主的工业区。（4）白沙洲工业区。位于武昌

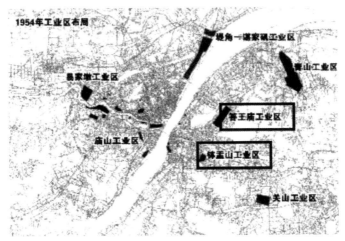

1954年武汉工业区分布图

（来源：胡晓玲：《企业、城市与区域的演化与机制》，南京：东南大学出版社，2009年，第90—91页。）

西南长江岸，是以建材业为主的工业区。以这四个工业区为重要组成部分的武昌空间形态构架在这一时期基本形成，在之后成为了武昌区总体规划的基础。

在这一阶段武昌工业布局的特征有两个方面。其一，武昌工业一方面延续沿江河轴带布局的特征，另一方面逐渐向背江方向顺山脊布局。其二，"一五"计划期间的独立大型工业企业被分散布局，"二五"计划期间地方企业在大型工业企业附近进行密集布设，形成了以各独立大型工业企业为中心的地域综合体的集聚效应、分散的工业城镇建设。[1] 相应地，武昌现代工业遗产的地域性分布特征主要为沿江沿河、沿交通要道分布，同类型工业遗产集中分布，大型企业的工业遗产呈散点状分布，小型企业的工业遗产分布较为集中且多分布于大型工业遗产周边地区。

---

[1] 胡晓玲著：《企业、城市与区域的演化与机制》，南京：东南大学出版社，2009年，第92页。

随着政府对工业遗产的重视及社会对工业遗产关注度的提高，武昌区工业遗产保护工作逐步开展。在政府和社会的共同努力下，通过调研普查、科学规划、活化利用等措施，遗产保护工作取得了一定成效。具体有以下几方面：（1）现已进行初步调查，大致摸清全区工业遗产家底，初步建立工业遗产名录保护制度和分级保护机制，于 2017 年 8 月 3 日发布的《武汉工业遗产保护名录》中列有 95 处工业遗产，其中武昌区工业遗产共 12 处；（2）加强对外交流合作，逐步形成保护意识，例如 2018 年 7 月 1 日，"工业遗产论坛：CECP 和 BIG HOUSE 聊聊老纱厂的那些事"在前身为武昌第一纱厂办公室的武汉 BIG HOUSE 当代艺术中心举行，就武汉工业遗产的保护现状等方面进行了探讨；（3）制定相关规划，将工业遗产纳入保护范围，武昌工业遗产在《武汉市历史文化名城保护规划》《武汉市城市总体规划（2010—2020）》《武汉市工业遗产保护利用规划》等政策文件指导下进行保护与利用；（4）理论研究不断推进，形成一批初步研究成果，武昌工业遗产在张笃勤等所编著的《武汉工业遗产》、彭小华主编的《品读武汉工业遗产》等著作中进行了一定的探讨与阐述；（5）工业遗产空间活化利用初显成效，武昌工业遗产空间活化利用已得到初步实施，主要转型为现代住宅空间、文化创意产业园区、城市公共文化空间、都市工业园区等四种模式，得到社会大众的好评。然而，由于早期重视不够、认识不足、界定不明、措施不力等问题，不少工业遗产成为城市建设的"牺牲品"，武昌区工业遗产保护与利用的相关工作还存在一些不足，例如对遗产的认识还有差距，遗产家底不明、情况不清，缺乏法制保护，破坏性开发突出，可移动文物散失十分严重，活化形式同质化现象严重，工业"非遗"重视不够，工业遗产与民众生活结合不够等等。

现如今，武昌通过"3+2"空间布局，发挥华中金融城、滨江文化商务区、武昌古城三大功能，带动南北两翼白沙新城和杨园新城建设。重点实施推进"一城三带一谷"的文旅体产业融合发展空间格局，2020年12月29日，文化和旅游部召开推动文化产业高质量发展座谈电视电话会，宣布了国家文化和旅游消费示范城市、试点城市，以及国家级文化产业示范园区、创建园区名单。武汉入选首批十五个国家文化和旅游消费示范城市，武昌长江文化创意设计产业园入选第二批国家级文化产业示范园区创建名单，国家级产业园区的建设对武昌区发展文化创意产业提供了资源禀赋，打下了坚实的基础。此外，武昌长江文化创意设计产业园以"一心两轴四区"为建设规划，集中力量建设东湖西岸传媒设计产业集聚区、世界工程设计产业集聚区、楚河汉街创意生活体验区、武昌古城艺术设计产业集聚区，突出发展楚天181、昙华林等文化创意产业园区，对武昌沿江工业遗产地带进行新一轮的开发，使废弃、保存堪忧、亟待保护的工业遗存得到创新性开发、活化利用。此举对于传承城市工业面貌，打造武汉文化创意新地标具有重要意义。相信在打造武昌长江文化创意设计产业园这一国家级文化产业示范园区的发展背景下，武昌的工业遗产必将在新时代焕发出新活力。

二、轻工业企业

轻工业指以提供生活消费品为主的工业，通常指纺织业或加工业这种二次性的工业，包括食品工业、纺织工业、造纸工业等。武昌是晚清洋务运动兴办工业的要地所在。从清光绪十六年（1890年）开始，湖广总督张之洞在武昌开办了一批近代工业企业。其中，主要是以纺织工业为代表的轻工业，先后创建了布、纱、丝、麻四局。其目的主要有二：一是保利源、塞漏卮，即发展民族工业、减少洋布进口、增加税收财源、堵塞贸易漏洞；二是纺织业经济见效较快，为将来发展钢铁等军工、重工业奠定坚实基础。[①] 晚清时期，各种手工业作坊遍布武昌地区。清宣统元年（1909年），手工业生产发展到包括铜器、铁器、剪刀、笔墨、制伞、雕刻、成衣、制帽、制鞋、绣花、藤器、木器、筷子等十多个行业领域，其中汉绣、笔墨等著名产品远销海内外。宣统二年（1910年），在南洋赛会上，武昌手工业名牌产品彩霞公司的绣花、绣画、绣字获一等金牌奖，利华公司的制皮获二等镶金银牌奖。在1915年巴拿马赛会上，同义厂的猪鬃获二等银牌奖。[②]

---

① 苑书义等主编：《张之洞全集》，石家庄：河北人民出版社，1998年，第759页。

② 武汉市武昌区地方志编纂委员会编：《武昌区志（上）》，武汉：武汉出版社，2008年，第332页。

辛亥革命后,清王朝灭亡,武汉出现兴办工业的热潮,武昌工业在此时得到长足的发展。即使这一时期武昌工业发展受到国内外多重不利因素的影响,在曲折中艰难前进,仍旧迎来了"黄金期",呈现出投资规模扩大、从以官办工业为主导转变为以民办企业为主导、轻工业逐步成为主要产业等新特点。但从抗战胜利后至新中国成立前夕,由于战争的破坏及国民党官僚借接收之名的大肆掠夺以及内战和恶性通货膨胀的不利影响等原因,武昌地区数家官办和民办工业大厂已经奄奄一息,约1830户个体手工业作坊在苦苦支撑,全区工业总产值仅5000万元。

1949年5月武昌解放后,武昌轻工业发展进入一个新的历史时期。国家在改造与扩建原有工业的同时,对武汉的建设目标是以纺织、冶金、机械工业为主体工业部门的南方工业基地,在轻工业发展方面也取得了良好的成果。以纺织工业为例,新建了国棉二厂、武汉毛纺厂、武汉纺织机械厂、武汉印染厂、武汉针织厂等大中型企业十余家,基建投资超过2.7亿元,使武昌纺织工业又上了一个新台阶,成为地区支柱性产业之一。

武昌白沙洲造纸厂

1907年,张之洞委派候补道程颂万、高松如在武昌望山门外白沙洲占地101亩,费银100万两,兴办白沙洲造纸厂。1910年正式投产,所用的机器均购自比利时鹰德司太尔工厂,主要设备有86英寸长网造纸机1座、打料机4座、蒸料球2个、锅炉2台、蒸汽机(250千瓦)1座,附件俱全。以破布、竹、木、棉、草为原料,日产3.5吨印刷纸、连史纸和色纱纸,年产量约340万磅(合1540吨)。当时,白沙洲造纸厂是清末民初时期全国官营纸厂中的最大企业。[①] 晚清时期，中国近代工业发展初期艰难曲折，一方面清政府对发展实业无一定方针，无统筹计划；而在另一方面，企业自身资金不足、经营乏术、管理落后、市场凋敝，再加之外商的排挤，白沙洲造纸厂发展举步维艰。

辛亥革命爆发后，白沙洲造纸厂机械损失严重，停止生产。1912年，湖北实业司任命蔡存芳为经理，拨款复工，但由于管理不善，当年10月即因亏损停办。1913年，白沙洲造纸厂转租给商人马稚庵经办。由于办厂资本巨大、设备不良和抽水困难等原因，1914年，马稚庵无奈放弃，承租金被扣押，至1918年6月始清理退还。1918年，福成公司代表王明文等租办白沙洲造纸厂，一年后由于亏本停工。1919年12月，大展公司、华俄道胜银行刘子敬投资45万两和王琴甫共同承租该厂，两年后由于经营不善连年亏本而停产。南京国民政府接管白沙洲造纸厂后，该厂一部分厂房被作为武昌机器厂做木工厂。

1938年，随着武汉沦陷，白沙洲造纸厂的设备被运往四川万县（今重庆市万州区），在白沙洲地区只留下一些厂房，这些厂房被日军占作军用仓库。在西迁过程中，湖北省政府派人修复了白沙洲造纸厂一些战前废弃闲置多年的生产设备，在万县重建了造纸厂。抗战胜利后，湖北省建设厅万县造纸厂管理人员返回武汉，但造纸厂没有迁回白沙洲，而是继续留在万县发展。1948年，资本家钱子宁买下湖北省建设厅万县造纸厂，改名为万元造纸厂。同年10月，万元造纸厂开工生产牛皮纸、印刷纸、黄裱纸和发票纸等。新中国成立后，万元造纸厂迅速恢复生

---

① 武汉地方志编纂委员会主编：《武汉市志·工业志（下）》，武汉：武汉大学出版社，1999年，第865页。

产，并成为万县市唯一的一家纸厂。①

目前，白沙洲造纸厂的厂房设备已不复存在，但仍存有少量以界碑等为代表的遗存。

武昌第一纱厂

晚清时期，西方资本主义国家相继在武汉投资办厂，张之洞督鄂后兴起了以布纱丝麻四局、白沙洲造纸厂为代表的官办工业企业；1912年至1937年间，武昌迎来工业发展的"黄金期"，创办了以武昌第一纱厂、震寰纱厂、裕华纱厂、武昌机器厂为代表的民营工业企业。武昌第一纱厂是1915年由武汉著名工商界人士李紫云、程栋臣等人筹资300多万元，创办的汉口第一纺织股份有限公司。

该厂是武汉第一家规模较大的民营纺织工业企业，首任董事长及总经理均为李紫云，厂址位于武昌武胜门外曾家巷一带，比邻长江，占地170亩。早在1914年春，相关筹办人士就已向安利洋行订购了纱锭4.4万枚、布机600台。第一厂即北场，于1915年开始动工，1919年建成投产，所用之棉皆来自湖北、陕西等地，两年获利120万银元。经公司股东会决议，继续向安利洋行订购纱锭4.4万枚、布机600台，兴建第二厂即南场，于1923年正式建成。至此，武昌第一纱厂成为拥有纱锭8.8万枚、布机1200台、职工800余人，日产20支棉纱160大包和12磅细布2000余匹的大型纺织厂。在扩建南场时，由于负债日益沉

---

① . 重庆市万州区龙宝移民开发区地方志编纂委员会编：《万县市志》，重庆：重庆出版社，2001年，第239—240页。

武昌城外第一纱厂遭北海军炮焚

（来源：《国内之事：武汉战事之回忆：武昌城外第一纱厂遭北海军炮焚》，《良友》1926年第10期，第9页）

重、经营管理不善、连年亏损，第一纱厂于1924年6月停工，后靠抵押、借贷得以复工，但当时市场上棉贵纱贱，产销不佳，同时遭遇厂内员工罢工，又在1927年7月第二次停工。1929年4月，一纱所欠债息之和超过资产总额，便由债权人沙逊洋行、安利洋行和浙江兴业银行接办，三方投入流动资金60万元，由安利洋行人员宋立峰任经理。此后，一纱连年亏损。1935年6月，因兴业与安行先后抽走借款，一纱第三次停工。①

抗战时期，武昌第一纱厂因债务被安利洋行牵制而未内迁，武汉沦陷后成为英商安利洋行的财产，后被日军强占，改为"泰安纺织株式会社"，实有资产250万元，经营资金共60万元，实开纱锭2.48万枚、布机500台，生产的产品全部作为军用品，1945年7月因美机轰

---

① 《中国近代纺织史》编辑委员会编著：《中国近代纺织史（下）1840—1949》，北京：中国纺织出版社，1997年，第252—253页。

炸而停工。抗战结束后，经交涉恢复了商办汉口第一纺织股份有限公司。1946 年 5 月，复工之时，正值武汉物资急缺，棉纱供不应求，时年盈利 379.67 亿元。随后在程子菊主持下，发放了股东红利，还清安利洋行的全部贷款，增发工人、职员的六腊双薪，并向美国订购布机600 台，以更新工厂原有的陈旧布机。然而，1947 年 5 月，湖北地方官绅何成濬以巧取豪夺的不良手段入主第一纱厂，成为该厂董事长，并于1949 年初以公司名义抛售空头纱单，借"华中剿匪总司令部"买棉纱的名义，从该厂运走棉纱 2.2 万件至广州、香港等地，使第一纱厂濒临破产。同时该厂总经理程子菊携带 60 万元银币逃亡广州，工厂被迫于1949 年 4 月底停工。

　　1950 年 5 月，第一纱厂实行公私合营，1951 年完成，1952 年劳动生产率较 1951 年提高了 69.1%，锭时产量提高 15.27%，1953 年武汉织布厂并入，又增布机 288 台。1958 年 6 月劳动刮绒厂并入，安装刮绒机 5 台、织毯机 24 台、布机 480 台，扩建一座绒毯厂。从 20 世纪 60年代起，用我国第一代国产设备对北场更新改造，以 5 万新纱锭取代了

武昌第一纱厂老照片

老设备。1961 年开始将普通布机逐年改为自动布机，使一纱布机扩充至 1540 台。1966 年 8 月 26 日，第一纱厂改称武汉红卫纺织厂。1970 年，改公私合营为国营，由武汉市纺织工业局统一命名，改为武汉第六棉纺织厂，是全省棉纺织工业的骨干企业之一。

1973 年以后，又以我国第二代国产纺织新设备更新了南场 5 万纱锭及其配套设备，新装 2 套精梳机。至此，一纱厂全部淘汰了 30 年代的老设备，使棉纱折合单产水平由 1952 年的 20.87 公斤，提高到 1980 年的 39.75 公斤。截至 1985 年，武汉第六棉纺织厂全厂有职工 8269 人，其中工程技术人员 157 人；拥有纱锭 104456 枚，布机 1540 台、精梳机 7 套，线锭 29240 枚；另设气流纺分场 1 个，有设备喷纱嘴 4303 头。生产总值（1980 年不变价）13107 万元，全员劳动生产率 16390 元 / 人，年人均工资 1066 元，人均利税额 1616 元，有固定资产（原值）4661 万元。

从 1949 年到 1985 年，固定资产投资额 4856 万元，利税总额 67608 万元。全厂生产的棉纱有 21 个品种，最粗 2.3 支（253 号），最细 60 支（9.7 号）三股纯涤纶线；棉布共有 5 个品种。年产棉纱约 14600 吨，棉布 2436 万米。产品以内销为主，部分出口外销。从 1979 年至 1982 年，纱布共有 33 个品种被评为省优良产品，其中纯涤纶 60 支 /3 线获国家银牌奖；1985 年棉纱入库一等品率 97.33%。后因种种原因，1999 年，饱经风霜的纱厂宣告正式破产。

武昌第一纱厂其历史之悠久、意义之重大，在武昌地区的工业遗产中占有重要地位。而李紫云作为武昌第一纱厂的创始人之一，在其发展历程中发挥着举足轻重的作用。李紫云，又名李凌，大名李永生。武汉青山人，为武汉著名资本家。1894 年，李紫云在汉口通过卖鸦片起家，积累原始资本。1911 年，李紫云担任汉口总商会总经理。同年，辛亥革命爆发，李紫云大力支持起义军。武昌首义时，连夜运输粮草至起义军营中，并向起义军赠予数十万银两。为此，黎元洪赠予李紫云"财力雄厚，协助共和；理事明通，赞同起义"对联一副。

1914 年，李紫云与他人集资筹建汉口第一纱厂，并被推举为股东会董事长兼总经理，为纱厂定名为"商办汉口第一纺织股份有限公司"，民间简称为"一纱"。值得一提的是，作为迷信风水学说和迷恋欧洲中世纪建筑风格的人，李紫云在工厂建造初期，请风水师看过纱厂厂址和办公楼。在多种因素的影响下，厂址最后被选定在武昌武胜门外曾家巷江边，武昌第一纱厂办公楼也被建造为斜对长江的西洋钟楼式建筑。1915 年，第一纱厂厂房正式开始营建。1919 年，"一纱"正式开工。

因第一次世界大战结束不久，外国棉纱布匹等尚未大量进入中国市场，第一纱厂出产的产品销量极佳，为李紫云等人盈利颇丰。获利后，李紫云大量创办其他企业，并购置了大量房产。由于李紫云通过商业运营起家，其创办工业的经验较为缺乏，导致李紫云趁大势利好，开始盲目扩张，向多所洋行借债筹建工厂，最终导致无力偿还债款，利息逐日增加。除此之外，由于武昌第一纱厂产品质量较上海差，市场形势不断趋下，纱厂管理混乱，使得武昌第一纱厂经营管理每况愈下，不断裁员减产。

1924 年，战火再起，第一纱厂被迫停工，并于战争中损失银币 110余万。1927 年，由于现金集中、金融阻滞，银行借款渐次减小范围，第一纱厂难以通过借款维持运营，第一纱厂被迫关厂停工。因第一纱厂经营失败，李紫云资金链断裂。雪上加霜的是，李紫云经营的其他企业也开始出现亏损，李紫云被迫以房产抵债，最后于同年忧愤成疾，投井而死。

虽然李紫云已消逝在历史的长河之中，但由他负责选址的办公楼仍屹立至今，看长江水滚滚向前。这座位于武昌临江大道76号的武昌第一纱厂董事会办公楼是一栋斜对长江的三层西洋钟楼式建筑，它由汉协盛营造厂及永茂隆营造厂进行施工，于1916年正式建成。办公楼为三层混合结构，正面有二层外廊，用于支撑的廊柱风格为古典爱奥尼克式，造型和立面典雅精致，中部入口略为凸出并上加两层塔式钟楼。建筑两端侧部被做成了半圆形牌面，整体造型严谨对称，富于形体和线型变化，为典型的欧洲新巴洛克式建筑。

第一纱厂办公楼在当时的武汉工业建筑中风格独树一帜，具有鲜明特色，体现了第一纱厂不甘平庸、力争上游的远大抱负。1999年破产，旧厂址改建"蓝湾俊园"小区。原办公大楼作为近现代重要史迹及代表性建筑之一得以保留下来，2008年3月27日列入第五批湖北省文物保护单位，2013年列入第一批武汉市工业遗产名录，被认定为一级工业遗产。2015年，武汉九五同方文化传播有限公司租下这座办公楼，被改造成为BIG HOUSE当代艺术中心，经知名设计师陈彬老师亲自设计整修，并尽可能保留了它的旧貌。改造后的艺术中心包含美术馆、艺术空间、艺术放映厅、艺术酒吧、会议室、活动大厅等，还有华中地区最大的艺术红酒博物馆。

现如今位于武昌第一纱厂对面的武昌江滩公园，曾经是武昌最繁华的码头，武昌第一纱厂从天门、沔阳、潜江等地收来的棉花在此下碇，再由搬运工人运往一纱的仓库。为了纪念武昌第一纱厂对武汉轻工业发展作出的突出贡献，人们为其设立了刻着"民国武昌第一纱厂旧址"及武昌第一纱厂简史的方柱形花岗岩碑。除却岩碑外，武汉还保存着关于这座工厂众多的历史记录，武汉市档案馆留存有大量武昌第一纱厂的档案资料，时间跨度为1919年至1966年，共388卷。全宗档案的主要内容分类如下。

BIG HOUSE 当代艺术中心外观

BIG HOUSE 当代艺术中心内部

（来源：武汉大学国家文化研究院特聘研究员周国献摄，武汉大学国家文化发展研究院授权使用）

武汉档案馆所藏武昌第一纱厂资料分类表

分类	内容
公司组织、计划及总结	公司各次章程、组织规则与系统表，营业执照与历史概况材料，公司工作计划、总结、报告
股务	历年股东名册、董事会等股东会议记录、公司股东及股票相关事宜
纺织生产、经营	公司业务、税务清单等生产经营资料
产权、财产	公司土地所有权状及清单
工运	工会及工人运动相关事宜

除武汉档案馆留存的大量相关档案外，还有中国第二历史档案馆内留存的武昌第一纱厂内迁事宜相关资料，具体内容为"工矿处等关于英商沙逊、安利等洋行以债权作梗阻止武昌第一纱厂拆迁有关文件（1938年8—10月）"。

武昌第一纱厂的其他资料零散分布于《武昌区志》《武汉工业志》《中国近代纺织史》《武汉文史资料》《中华文史资料文库·经济工商编》《湖北文史》等市区志、街道志、工业史籍中。

震寰纱厂

武昌震寰纱厂又名震寰纺织股份有限公司，原称震寰纺纱股份有限公司。1919 年，刘季五与俄商买办刘子敬集资 175 万元在武昌上新河创立了震寰纱厂，1922 年正式开工生产，1923 年纱锭共有 26336 枚、布机 250 台，[①] 是我国民族资本主义工商业的代表企业之一。

---

① 寿充一等编：《近代中国工商人物志（第2册）》，北京：中国文史出版社，1996年，第520页。

震寰纺织股份有限公司股票收执

（来源：张笃勤、侯红志、刘宝森编著：《武汉工业遗产》，武汉：武汉出版社，2017年，第21页。）

1927年，由于战事不断，武昌地区工业一蹶不振。此时正值大水灾、世界经济危机、日本侵华加剧等接踵而至，加之第一次世界大战结束后，日纱、美棉等大量涌入，致使武昌工业发展更加艰难。在1930—1935年间，除裕华外，武昌各纱厂相继被迫陷入停产、半停产状态。1935年以后，政府推行鼓励民族工业发展的"救济政策"，提倡"使用国货"，武昌地区工业才逐渐恢复，出现短暂繁荣。1936年，棉纱供不应求，各纱厂迅速增加纱锭数量，日夜开工生产，震寰纱厂在这一年获利50万元，1937年达到185万元。1936年9月，复兴公司与安利洋行拟订了第一纱厂复业合同，将其更名为复兴实业股份有限公司，简称"复兴一纱"。1937年4月，公司推行"件纱用棉量定额"制度，当时湖北的原棉与纱价格为一比八，又恰逢全国掀起抵制日货高潮，开工不到两年，获利500余万元。

1938年，因武汉会战临近，大部分工厂及其机械设备已内迁到陕、川、湘、黔、桂等地，武昌内迁的工厂企业经过艰苦奋斗，逐渐发展成为抗战大后方工业的主要力量之一。震寰纱厂等一批重要工厂也开始西

震寰纱厂股份有限公司章程

（来源：武汉博物馆馆藏）

迁至重庆南岸，到 8 月，大批企业西迁完成。抗战胜利后，震寰纱厂迁回武昌，并陆续索回西运设备，但由于局势动荡，震寰纱厂原设备有相当一部分无法找回，大量工业文物遗失。1950 年 8 月，震寰纱厂实行公私合营，更名为公私合营震寰纺织有限公司，保留私股震寰纺织股份有限公司董事会的名义，锭时产量 1952 年较 1951 年提高 6.19%。1952年，震寰纱厂完成了全年生产任务的 113%，各种主要产品产量均创历史最高水平。

武昌震寰纱厂原址位于武昌上新河，新中国成立后改制为武汉第五棉纺织厂，1996 年实施破产，由以第二棉纺织厂为主体的武汉江南实业集团收购。

武昌裕华纱厂

武汉市第四棉纺织厂前身是 1919 年创建的武昌裕华纱厂，初名武昌裕华纱厂，1966 年更名为武汉市第四棉纺织厂。该厂拥有主要生产主机 2445 台（套），其中纺锭 62528 枚，自动织机 1556 台。全厂职工 6650 人，厂区占地面积 11.56 万平方米，建筑面积 10.214 万平方米。1988 年生产棉纱 10424 吨，布 3090 万米，实现工业总产值 9317 万元，出口棉纱 1.2 万件，出口棉布 407.87 万米。年销售收入 1.1 亿元，年利润 1002 万元，年税金 610 万元，年创汇 900 余万美元。同年由武汉市人民政府颁发出口产品生产许可证，出口产品质量许可证，并授予"特厂"称号。1989 年 7 月，经省、市企业升级领导小组评审，进入省级先进企业。

由于该厂建厂早，设备严重老化，极大影响生产力的发展。为了改变这个被动局面，1986 年，经纺织部批准更新棉纺 3 万锭。经研究，该厂特引进瑞士立特清钢联 1 套，用国产细纱机更新原细纱机 2.3 万锭，引进联邦德国祖克尔浆纱机和瑞士页宁格整经机各 1 台。初步预算整个改造项目约需人民币 2466 万元，外汇 315 万美元。项目实施以后，该厂棉纺织生产技术水平可以提高到 80 年代先进技术水平。全部投产后，将新增棉纱 270 吨，棉布 60 万米，年工业总产值增加 309 万元，新增利润 25 万元，新增税金 15 万元，创汇收入增加 105 万美元。[1]

2008 年，武汉市因地铁施工，征用了武昌裕华纱厂生产厂区，厂房、办公楼、仓库等厂房设施全部被拆除，现在，武昌裕华纱厂旧址已成为武汉地铁 2 号线积玉桥站点。2016 年，公司进行整体搬迁，生产基地迁至阳逻生产基地，办公区迁至武汉市青山区工业四路。

回顾裕华纱厂的历史，其创建发展历程与时代变迁有着密不可分的联系，由于近代纺织工业的兴起，其创始人张松樵从一位洋货店伙计

① 刘松勤：《湖北最大的工业企业 200 家》，武汉：湖北人民出版社，1990 年，第 127 页。

成长为近代民族资本家。张松樵名世佑，1870 年出生，汉阳县柏泉人。为纺织工业家，裕华纱厂创始人，人称"棉纱大王"。幼时家境贫困，青年时期在广大洋货店做工，因表现优异被推荐至俄商顺丰洋行工作。1902 年，顺丰洋行买办承办纱麻布丝四局，买办任命张松樵为纱局协理兼管账房事务。后因办事认真，被提升为纱局管事。1912 年，应昌公司承办四局，张松樵被股东任命为纱布麻三局总管。1913 年，应昌公司改组为楚兴公司，张松樵被徐荣廷器重并委以重任。楚兴公司业务发展迅猛，张松樵建议将同事红利集中起来创办纱厂，获得一致赞同。裕华纱厂建设筹备工作正式开展。在经过多方勘查后，裕华纱厂厂址最后被选定在武昌新河洲。在经过充分准备后，1922 年 3 月，裕华纱厂正式建成投产。在裕华纱厂的管理过程中，张松樵总结过往企业管理经验和学习国内外先进企业管理经验和制度，并根据裕华纱厂实际情况具体运用，使裕华纱厂发展迅速，获利颇丰，张松樵本人也深得股东信任。为了赢得更多市场，张松樵狠抓质量和技术创新，使裕华纱厂产品质量不断提高，深受消费者欢迎。不仅如此，张松樵还十分关心工人，多次说服董事拿出部分红利奖励工人，在节假日时为工人发放双倍薪水，提升工人生活条件，这一系列举措使工人的生产积极性大大提高，张松樵本人也得到广大工人群众的拥护。

身为民族资本家，张松樵热心公益，通过办学育人、资助医院等方式回报社会。在面对日货倾销时，张松樵带领工人们竭力抵制日货，并抓紧创新，使裕华纱厂产品能抢占市场，为抵制日货倾销发挥一定作用。抗战胜利后，张松樵不断操劳，使裕华纱厂很快恢复生产。解放战争时期，张松樵决定留在大陆，并影响厂内其他员工，使裕华纱厂有生力量被完整保存下来。1953 年，张松樵遵守国家政策实行工厂公私合营。1960 年，张松樵逝世。

在档案资料方面，现如今武汉档案馆留存有大量裕华纱厂档案资料，时间跨度为 1919—1966 年，共 1174 卷、册。其中包含 1919—1956 年的 515 卷文书档案及 1923—1966 年的 659 卷财会档案中的部分资料。全宗档案的主要内容分类如下：

武汉档案馆所藏裕华纱厂资料分类表

分类	内容
总类	公司 1933—1955 年的章程、历史沿革材料，部分年份的人事任免通知及名单，部分劳动纠纷相关文件，工人处分通告及武汉市工业局和劳动局的批复等资料
股务	历年股东名册、董事会等股东会议记录，公司股东名册，股本及其存单登记册，对外投资统计表等相关事宜
纺织生产、经营	1921—1953 年历年业务报告，与金融等机构之间关于生产、运输等问题的往来函件，生产营业概况等生产经营资料
财务、产权	1938—1950 年部分年份账项总报告，纳税统计表，与银行和保险公司之间关于收、汇、借款等问题的往来函件等资料

除武汉档案馆留存的大量相关档案外，还有中国第二历史档案馆内留存的裕华纱厂内迁事宜相关资料，具体内容为"刘益远报告裕华、震寰纱厂迁移机器状况呈（1938 年 6 月 14 日）"。

《裕大华纺织资本集团史料》是记述裕华纱厂档案的重要史料汇编之一。其由《裕大华纺织资本集团史料》编写组编辑，于 1984 年 12 月由湖北人民出版社出版。全书辑录史料表现了裕大华纺织资本集团在民国时期的发展历程，完整地反映了该民族资本企业的兴衰沉浮。

关于裕华纱厂的其他资料零散分布于《武昌区志》《中国工运史料》《民族工业大迁徙——抗日战争时期民营工厂的内迁》《武汉文史资料》《近代中国工商人物志》等市区志、街道志、人物志、工业史籍中。

国棉二厂

武汉市第二棉纺织厂，原名国营武汉市第二棉纺织厂，是新中国成立后，国家在武汉兴建的第二座大型棉纺织厂，国棉二厂部分产品被评为全国名牌产品。尽管武汉市第二棉纺织厂的建厂过程较为曲折，但其创造的经济效益与社会效益对我国纺织业的发展都起着重要作用。

1957 年以前，武汉的五大纱厂并不能满足本省所生产棉花的加工需求，且这些纱厂都以棉纺为主，故而湖北省所需棉布还须从外省调入。为解决湖北省棉布的供求矛盾，武汉市纺织工业局于 1958 年初决定建设新的棉纺织厂以加快工业建设速度。1958 年，国棉二厂的主厂房建设破土动工。但建厂过程中，全国掀起了"大跃进"的热潮，武汉地区开展了全民大办钢铁运动，武汉市第二棉纺织厂及承包施工单位都投入了炼铁工作，建厂工作陷入停顿。1959 年，炼铁停止后，工地材料陷入紧缺，无法进行施工，于是上报纺织部争取支持，纺织部经过现场调查，认为其施工情况相较于其他各地同期开始建设的棉纺织厂要好些，决定武汉市第二棉纺织厂由部投资，武汉二棉由地方自筹项目变为了部管基建项目，建厂工程又掀起了高潮。但在 1960 年，在党中央"调整、巩固、充实、提高"和"缩短战线，保证重点"的方针指导下，国家决定将许多基建项目都陆续下马。武汉二棉被列入了下马项目，决定全厂停止建设。自 1961 年起，武汉二棉简易投产，并组织了农副业生

国棉村

华润置地橡树湾商品房小区

产，先后开办了北湖农场、杨家路农场等产业。1962年，武汉二棉所开出的布机与武昌第一纱厂合并，但经济上仍然单独核算。

1964年，随着国家经济形势开始好转，纺织工业部在调查后认为武汉二棉基建质量较好且对维护效果较为满意，决定开始恢复建设。这项复建工程被列为当年全国纺织工业复建工程的重点项目之一。1965年，由于武汉二棉的复建工程速度快且质量较好，纺织工业部在武汉二棉召开了全国纺织工业基建座谈会，就武汉二棉集中优势完成基建工程的经验展开了交流。同年，武汉二棉复建工程基本竣工并正式开工生产。

武汉市第二棉纺织厂的部分产品被评为全国名牌产品、湖北省优质产品等称号。1985年，武汉二棉的纱、线纺锭仍稳定在建厂时的数量，工业总产值与利润增长较多。但随着城市建设的加速与功能转变，武汉市第二棉纺织厂逐渐走向衰落与停产。[①]

目前，武汉市第二棉纺织厂的厂房早已拆除，在原厂址上现已修建了华润置地橡树湾商品房小区，但相隔不远的国棉村，依旧是原来的样貌，保留着一丝武汉市第二棉纺织厂的旧有气息，如何在厂房早已拆除的情况下保留这段历史与文化，现需制定相应的对策与方法。

在国棉二厂的发展过程中，有一位女工杨桃桃，以其刻苦的精神和对生产技能的不懈追求，成为值得人们学习的劳模。杨桃桃，1939年出生，湖北汉阳人。1958年参加工作。在"十年动乱"期间，杨桃桃仍坚持生产，带病苦练"仇锁贵操作法"，提升自己的生产技术，最后荣获操作能手称号。在企业举办的历届操作运动会中，杨桃桃屡获优

① 万邦恩主编，《武汉纺织工业》编委会编：《武汉纺织工业》，武汉：武汉出版社，1991年，第167—169页。

秀名次。因杨桃桃工作认真，不辞辛劳，多年超额完成生产任务，于1977年在全国工业学大庆会议上被授予全国先进生产者称号。①

武汉印染厂

新中国成立后，国家布置在武昌的一批重点建设项目相继建成投产，全地区工业生产能力大幅度提高，许多工业产品从无到有，产量成十倍、百倍增长。在纺织工业方面，新建了国棉二厂、武汉毛纺厂、武汉纺织机械厂、武汉印染厂、武汉针织厂等大中型企业十余家，基建投资超过2.7亿元，使武昌纺织工业又上了一个新台阶，成为地区支柱性产业之一。

武汉印染厂是武汉市印染加工各类化纤布等的主要工厂，其前身是上海天一印染厂，新中国成立后迁往武昌，其基建被列为国家第一个五年计划项目之一，同时也是中南地区及湖北省规模最大的现代化印染厂之一。武汉印染厂曾获湖北省第一批扩大企业经营管理自主权单位，其产品曾获国家银质奖、纺织工业部优质产品、省优质产品等称号。武汉印染厂是武汉市名厂之一，也是湖北省第一家品种齐全、工艺设备完善的大型全能印染厂。

在中华人民共和国成立以前，由于战争的影响以及帝国主义的侵略，国内的民族工业发展困难，人民生活所需产品也极为缺少。尽管武汉纺织工业也有几家大中型纺织厂，但没有与之配套的染整业，只有几

① 杜钰洲主编：《让世纪更辉煌 中华纺织劳模大典（1950—2000）》，北京：中国纺织工业协会，2002年，第1109页。

家小型的染整手工加工厂，故而纺织厂所产布料只能外流上海等地进行进一步加工，其后再次运回武汉，运输环节烦琐且增加了人民消费的负担。故而在新中国成立后，为填补中南地区印染工业的空白，中南区党和政府于1954年在武汉进行创建印染厂的筹备工作。1957年，在得到了上海市人民政府的支持后，上海天一印染厂迁入武汉，加快了印染厂的建设速度。1957年，工厂开始试产并于次年正式投入生产，定名为公私合营武汉天一印染厂，于1966年改名称武汉印染厂。

20世纪50年代末，武汉印染厂生产日渐高涨，产值与员工数目急剧增长，同时其产品质量也不断提高。在发展生产的同时，武汉印染厂也注重对企业管理的完善，工厂以上海原有的生产管理制度为基础，并借鉴长三角等地的其他企业的先进制度经验，在其厂部领导下修订了各项管理制度，对车间生产记录、调度制度以及生产汇报等工作都作了相关规定，完善了工厂的管理制度的同时也进一步推动了工厂的生产。

进入60年代，随着"大跃进"运动的推进，武汉印染厂确定了推广十项尖端技术、建立"十条龙"机械化、连续化的生产线以及创建十个名牌产品等目标，但基于其浮夸风的基调，大部分目标未能实现，并且大大挫伤了员工的生产积极性；大批项目的失败也使得武汉印染厂的生产和管理走入了低谷，在经济方面造成了极大损失。1962年，在党中央的"调整、巩固、充实、提高"方针指引下，武汉印染厂领导在摸清了全厂基本情况的基础上，从实际出发，以产品质量为重点，对工厂生产计划进行了调整以求生产平衡；对员工制定了月评季奖制度，极大地调动了员工的生产积极性。同时注重对现有设备的改进与对技术的改造，使得生产线连续化和半自动化。加之对印染染料的改进，武汉印染厂的产品质量有了显著的提高，生产逐渐走向了稳定发展，经济效益也有了稳步提高，工厂进入了发展振兴的阶段。

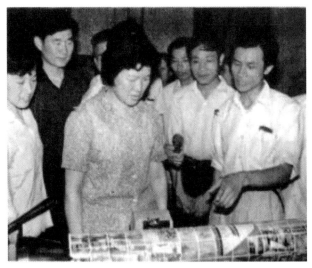

郝建秀同志视察武汉印染厂

进入改革开放时期，受党的十一届三中全会政策的影响，武汉印染厂员工的生产积极性被大大激发了，开展了以优质高产、低消耗、多品种、高效益为目标的增产节约运动，同时也开展了劳动竞赛，改进了奖励办法。他们认真学习上海的先进经验，提高了工厂管理水平，提高了产品质量，武汉印染厂被评定为湖北省第一批扩大企业经营管理自主权的单位。

进入80年代，随着"六五"计划的推进，武汉印染厂按照工作标准化、管理作业化、指挥高效化、生产文明化的要求，对工厂管理实行经济责任制，并实行优质超产计件奖，进一步调动了员工的生产积极性。1981年武汉印染厂的生产产值和利润突破历史纪录，在武汉市名列前茅，被评为纺织系统一类企业和武汉市先进企业。

进入20世纪90年代，武汉印染厂逐渐扩大业务范围，在引进欧美国家的先进设备与技术的同时，扩大销售网点，在保持其以往名牌产品

武汉印染厂蒸化机

的信誉的同时，探索生产多品种产品，以适应市场需求。在这一阶段，武汉印染厂的产品除部分出口销往国际市场外，产品大部分销售全国各地，在国内国际市场都享有较高的信誉。部分产品荣获国家银质奖、工业部优质产品、省优质产品等称号，其生产的印花布更是成为武汉市乃至湖北省的拳头产品，颇受海外市场的欢迎。

　　进入 21 世纪后，整个印染行业处于低谷阶段。武汉印染厂债务沉重，其生产设备在还债压力下难以进行更新，产品质量与档次迅速下降。武汉印染厂成立了武汉印染厂天一经济发展公司等机构以完善公司治理促进生产，武汉印染厂急需抓住机遇改革生产以寻求发展。①

　　近年来，武汉印染厂在生产过程中注意在计划指标内使用煤、电

---

① 《当代湖北工业》编辑委员会编：《当代湖北工业·企业卷》，北京：经济日报出版社，1988 年，第 122—125 页。

等能源，降低耗能，节约成本开支；同时努力发挥武汉印染厂印花、设计能力强的优势，以创新精神，以"变"应变，以新应变，以适应纺织品市场激烈的竞争；加快装备的更新换代，将技术创新落实到产品创新上，处理进口设备与国产设备的组合关系，并加快技改投入，以提升产品档次、增加产品附加值。

其旧厂址位于临江大道，厂址规模较大，地理位置优越。由于武汉经济发展需要，厂房等遗留建筑所面临的情况不容乐观，如何保护和利用也已引起社会各界的关注。

武汉毛纺厂

清光绪三十四年（1908年）湖北毡呢厂在武昌下新河营坊口的开办，是武汉地区毛纺织工业的开端。至民国时期，武汉毛纺织产品主要有驼绒、毛哔叽、华达呢、马裤呢、礼服呢、花呢等。在抗日战争爆发后，武汉各毛纺织厂先后停产，毛纺织工业归于空白。新中国成立后，随着经济社会的发展，直到1958年，武汉出现了三家毛纺织小厂，即华新毛纺织厂、长江毛纺织厂和汉阳毛纺织厂。60年代，这些小厂又相继停产关闭，武汉毛纺织工业又告中断。

20世纪70年代，武汉毛纺织工业得到恢复和发展。70年代初至80年代，先后建立了武汉毛制品厂、武汉毛线厂、武汉毛纺厂（后更名武汉毛针织绒厂）、武汉毛毯厂、武汉和平羊毛衫厂、旭光羊毛衫厂、武汉毛呢厂、武汉毛条厂、江汉羊毛衫厂、武汉市毛纺织厂等。

武汉毛纺厂位于武昌徐家棚西菜园58号，1978年归武汉市毛麻丝工业公司，转产腈纶膨体针织，1980年改名武汉毛针织绒厂。1985年，武汉毛针织绒厂占地面积 12941 平方米，建筑面积 9274 平方米，职工 958 人，固定资产原值 478 万元，工业总产值 1105.4 万元。武汉毛针织绒厂的主要产品是各类膨体针织绒，拥有针织绒线精纺设备 2400 锭，年生产能力 800 吨，半精纺设备 2400 锭，年生产涤纶线 60 吨，并拥有武汉市独家人造皮毛生产线，年生产能力 32 万米。从 1981 年起，武汉毛针织绒厂金杯牌 826 针织绒连续 6 年获全省同类产品评比第一名；1983 年参加纺织工业部举办的 27 个专业生产针织绒产品质量观摩评比大会被评为第一名；1984 年和 1988 年获湖北省优良产品证书；1988 年金杯牌 815 针织绒获武汉市优质产品证书。产品行销云南、贵州、四川、山西、甘肃等省。

武汉毛纺厂旧址现已废弃，厂房已被拆除。

武汉纺织机械厂

1958 年，武汉纺织机械厂由纺织工业部投资，兴建于武昌杨园二郎庙，是武汉市 200 项重点建设工程之一。但在 1959 年 4 月因"大办钢铁"而停止基建。同年 6 月，武汉纺织机械厂根据纺织工业部的要求试制成功布机两台，向国庆献礼。同时，该厂根据湖北省政府轻工业厅意见，试制成功软麻机两台和打麻机四台。

1961 年，武汉纺织机械厂被列为重点压缩单位，厂区面积缩减一半，职工大量裁员，基建报损 104 万元。1962 年，工厂承接各种来料加工，服务上门，并于当年产值与产量大量增加，扭亏为盈并还债 18 万元。

1963 年武汉纺织机械厂改名为武汉市纺织机械配件厂，生产纳入市纺织局计划内，主要生产皮辊芯壳、油箱、洋枪管等。1965 年该厂在纺织工业部的投资下，转向成台产品的生产。1970 年，武汉市纺织机械配件厂开始自制设备，承接锭子和钢领的生产任务。1973 年同纺织器材厂、布机配件厂、第四纺织机械配件厂等联合，成立武汉市纺织机械配件总厂。1974 年，纺织工业部投资 450 万元，扩建装配钣金车间，增添设备 33 台，大大提高了生产能力。

1975 年，武汉市纺织机械配件厂被纺织部选定为生产印染机械设备的定点厂，同时也是纺织工业部和武汉市的重点企业之一。在产品结构上，由单一纺织配件发展到印染麻纺设备。武汉市纺织机械配件厂主要产品在 20 世纪 60 年代有皮辊芯壳、油箱、洋枪管和 A005A 拆包。70 年代增加锭子和钢领以及连续轧染机等。1982 年发展到 15 种产品，钢领、皮辊芯壳、小轧车、烘燥机被评为湖北省纺织工业局一等品。当年工厂被列为武汉市 38 家重点工厂企业之一。1985 年，工厂占地面积 27.5 万平方米，建筑面积 9.17 万平方米，职工 1500 余人，其中各类专业技术人员 290 余人。主要设备 220 余台，其中有引进的德意志联邦共和国板焊及数控机床等设备。工厂拥有固定资产 1386 万元，年产值 1123 万元、利税 191 万元。当年为武汉市首批推行厂长负责制企业之一。[①]

武汉市第二针织厂

1953 年，武汉市二针织社首先由织袜转向生产针织内衣，这是当时湖北省内唯一的针织内衣工厂，填补了武汉市专业生产针织内衣的空

---

① 武汉地方志编纂委员会主编：《武汉市志·工业志（上）》，武汉：武汉大学出版社，1999 年，第 768—769 页。

白。其后武汉市二针织社与其他厂社进行合并，成立星火针织内衣厂，厂址设在后长街24号，占地面积2000平方米，有职工660余人，设有针织、漂染、成衣、织袜四个车间。1959年工业总产值578.48万元。1961年，星火针织内衣厂划归武汉市针棉织工业公司领导。由于自然灾害等原因，工厂面临停产。1962年10月，国营星火针织内衣厂改为星火针织内衣合作工厂。1978年12月，星火针织内衣厂划归武汉市针织工业公司领导。1979年4月，星火针织内衣厂更名为武汉市第二针织厂。1981年5月，位于武昌堤东街的武汉市汽车散热器厂合并进武汉市第二针织厂。

1985年，武汉市第二针织厂生产遇到了困难，负债严重，资金短缺，账面亏损61.06万元，库存积压产品价值360余万元。但在1986年，企业成功扭亏增盈，盈利25万元。

武汉第二针织厂已停止生产，位于武昌保安街的武汉市第二针织厂地块于2013年以708.2万元被拍卖。拍卖之后，现存有部分残垣断壁、破旧厂房和针织厂大楼。截至2018年，旧厂房仍处于破损闲置状态，内部堆有大量建筑垃圾，部分破损桌椅和废旧壁橱散乱在各处，全然不见过往辉煌。武汉市第二针织厂大楼位于堤东街，共五层，大楼整体呈淡黄色，墙壁表面可见明显污斑。大楼一层现已被改造成白沙生鲜市场，供当地居民使用，其余楼层仍处于被废弃的状态中。

武汉市毛纺织厂

武汉市毛纺织厂是湖北省的重点企业之一，位于湖北省武汉市武昌区余家头铁机路22号，主要生产精纺呢绒、服装等产品。武汉市毛纺织厂是经纺织工业部批准，于1980年由武汉人造纤维厂转产改建而来的。1982年12月，武汉市毛纺织厂建成投产后，填补了武汉地区毛纺织工业的空白，武汉形成了生产精纺呢绒的能力。[1]之后全厂拥有精纺锭1万枚、织机180台、半精纺锭3300枚，引进西服生产线。1988年实现工业总产值4200万元，生产精纺呢绒189万米，销售收入5053万元。实现利税1200万元；1987年被授予省级先进企业，连续多年被评为市纺织局先进企业、省纺织系统双文明企业和部双文明企业。[2]

1993年5月，武汉市毛纺织厂改造为股份制公司，为武汉市毛纺织实业股份有限公司。该公司拥有毛精纺纱锭13000枚、织机144台，年产精纺呢绒250万米，引进的德国西服生产线年产高档西服8万套。1999年产业产值达到1.2亿元。公司先后从德国、意大利、日本等国引进了具有当代国际先进水平的自动络筒机、倍捻机、剑杆织机、洗缩联合机、双刀剪毛机、热定型机、罐蒸机和先进的检测仪器设备，固定资产1175万元。主要产品有获"金桥奖"和"优秀汉货"的"劲士"牌高档西服、"金蕾"牌高级牙签呢、薄花呢、羊绒呢、单面华达呢、缎背华达呢等1000多个花色品种，其产品销往全国各地，有的销往美国、日本、韩国、南非等国家和地区。企业职工达2880人，其中专业技术人员328人，具有高中级专业技术职称的人员占专业技术人员总数的27.44%，知识分子在企业发展中已经成为中坚力量。[3]

---

[1] 万邦恩主编，《武汉纺织工业》编委会编：《武汉纺织工业》，武汉：武汉出版社，1991年，第323页。
[2] 刘松勤：《湖北最大的工业企业200家》，武汉：湖北人民出版社，1990年，第270页。
[3] 武汉市大中专毕业生就业指导中心编：《武汉市大中专毕业生就业指导》，武汉：武汉出版社，1995年，第131页。

2013 年，武汉市毛纺织厂被列入"武汉市第一批工业遗产保护名录"，为三级工业遗产。

武汉酒厂、黄鹤楼酒厂

1953 年，武汉酒厂由原中南酒类实验厂和武汉市第三酒厂合并而成。原中南酒类实验厂是由原中南专卖事业公司于 1952 年 8 月买下原老天成、永记、德记 3 个槽坊厂址开办而成的；原武汉市第三酒厂是人民政府没收原白康、改进两个槽坊，再由武汉市专卖公司改建而成的。两厂合并后，厂址设在武昌民主路，职工约 100 人，年产白酒 700 吨，生产设备简陋，多为手工作业，由武汉市工业局领导。1954 年 11 月，迁厂址于硚口太平洋路原太平洋肥皂厂厂址（现厂址）。

新中国成立后，国家先后对该厂投资 1481 万元，其中 20 世纪 80 年代投资 793 万元。该厂 1949 年到 1985 年实现利税 19035 万元，上缴利税 18570 万元。该厂生产的黄鹤楼牌特制黄鹤楼酒，曾是全国十三大名酒之一。1962 年，武汉啤酒厂并入其中，设立啤酒车间；1966 年，开始生产果露酒，主要品种有碧绿酒、保元酒、八珍酒、龙力补酒，70% ~ 80% 的酒产品交外贸出口，白酒产量亦有增加；1974 年，厂内建成液态法酿酒车间，形成一条从投料、拌料、蒸煮、糖化、发酵到蒸馏的自动生产线，工人劳动强度减轻，产量增加；1975 年 4 月，厂内将白酒、啤酒生产线分开，开始把生产的重点放在改进工艺技术，提高产品品质、创名牌、优质酒；1978 年，厂内通过采用 34309 优良菌种，改进生产工艺，使麸曲用量下降，发酵周期缩短，淀粉出酒率达到 73.95%。

原黄鹤楼酒厂大门
（来源：武汉大学国家文化研究院特聘研究员周国献摄，武汉大学国家文化发展研究院
授权使用）

1979 年，所产"汉汾"酒因香型风格不典型，在全国第三次酒类评比会上未能获奖。此后，该厂组织专人学习先进企业的经验，在制曲、用粮、发酵、蒸馏、勾兑等方面进行技术验证，1980 年，"汉汾"酒被评为湖北省优质产品。嗣后，又通过运用正交试验、相关回归分析等方法，开展 QC 小组活动，经过两个 PDCA 循环，确定了特制黄鹤楼牌"汉汾"酒最佳生产工艺和勾兑方法，使该酒清亮透明、清香醇厚、入口绵甜、回味绵长，在省内评酒会上名列清香型大曲酒前茅，1984年在全国第四届评酒会上，获国家质量金质奖和轻工业部酒类质量大赛金杯奖，成为全国十三大名酒之一。

该厂的产品品种主要有白酒 (包括"汉汾"酒、黄鹤楼特制"汉汾"酒) 和果露酒 (包括碧绿酒、回笼酒、龟苓补酒、姜酒、五加皮酒等)，其中，果露酒主要供出口。[1] 武汉酒厂自创立以来，以不断进取、勇于创新的精神加强建设和技术改造，至 1974 年，建成了液态法酿酒车间，从投料、拌料、蒸煮、醣化、发酵、蒸馏形成了一条自动生产线。这在我省是对传统制酒工艺的一次革命，酒产量跃为全国酿酒行业之首，同时也奠定了该厂成为湖北省酿酒行业中唯一的一家中型企业的基础。

从规模上来看，武汉酒厂全厂占地面积 7.2 万平方米，建筑面积 3.8 万平方米。1985 年有职工 1012 人，其中工程技术人员 24 人，固定资产 1044 万元。1984 年，武汉酒厂更名为武汉黄鹤楼酒厂。1992 年，黄鹤楼酒厂改制为武汉黄鹤楼酒业集团。

2012 年时黄鹤楼酒厂厂房已拆除，原厂址成为驾校训练场地。在原厂址上，竖立着一座黄鹤楼的微缩模型，十分醒目，在周围则陈列着大量废弃的酒缸。原黄鹤楼酒厂紧挨着铁路，时不时有列车通过，成为另一道景观。2015 年，黄鹤楼酒厂原厂址大量酒缸被清除，后来黄鹤楼微缩模型也被拆除。

武汉市无线电二厂

武汉市无线电二厂坐落在武昌中北路 154 号。1961 年，以大华仪表厂的仪表车间和仪表修理部为基础组建了国营精密仪器仪表修配厂，1967 年 1 月改名武汉市无线电二厂，属地方国营企业。这是制造

---

① 湖北地方志编纂委员会：《湖北省志·工业志稿·一轻工业》，北京：中国轻工业出版社，1994，第 216 页。

凤凰牌系列收录机的专业厂，主要产品还有电子计算机，曾获电子工业部双文明先进企业称号。所产 F3242 型收录机连续两年获省优称号，产品在全国畅销不衰，经济效益居全省收录机行业前列。办厂期间，武汉市无线电二厂始终坚持在改革中求发展、以质量求生存、向管理要效益的企业发展宗旨，通过开展"抓改革、促管理、创先进、上等级"活动，实行了厂长负责制、多种形式的内部承包责任制、干部招聘制和劳动优化组合等企业内部配套改革，注意内部经营管理，严格实行"同一用户不再次反映同一问题，同一故障不再有第二封信出现"的售后服务责任制，形成了"生产一代，试制一代，储备一代，构思一代"的新品开发层次，同时成功地与 17 个省市 60 多个单位联合成立了凤凰电子集团，走出了一条"向内挖潜，向外拓展"的企业发展兴旺的新路子。

20 世纪 80 年代，武汉市无线电二厂已拥有职工 1206 人，其中工程技术人员 243 人，固定资产原值 1677 万元，全年工业总产值 13070 万元，销售收入 9969 万元，实现利税 1082 万元，全员劳动生产率达 108375 元／人。[①] 连续几年被湖北省、武汉市命名为"经济效益好的先进单位"、"省级先进企业"、湖北省电子行业全面质量管理先进企业，被国家电子工业部授予"双文明先进企业"等称号。1989 年，武汉市无线电二厂逐步实现由速度型向效益型、由内向型向外向型、由劳动密集型向技术密集型的企业转变，产品以技术新颖、质量优异的特点畅销全国并远销国外。

据《湖北日报》2006 年 5 月 29 日报道，5 月 28 日 21 时 40 分，武汉无线电二厂（凤凰科技工业园）突然火光冲天，浓烟滚滚，并伴

---

① 《湖北年鉴》编辑部编：《湖北年鉴 1989》，武汉：湖北人民出版社，1989 年，第 314 页。

有阵阵窗户玻璃的爆裂声，数辆消防车呼啸而至，15 分钟后，明火被扑灭。消防部门透露，起火点位于 4 楼的两个仓库，过火面积达 40 平方米，燃烧物为光纤设备。水果湖消防中队和武汉市消防特勤二中队出动了 10 台消防车进行扑救，没有人员伤亡。这是该厂当年第二次发生火灾。2006 年 4 月 18 日晚，该车间 6 楼曾发生火灾，直接经济损失达 63 万元。

武汉市无线电二厂没有列入武汉市工业遗产保护名录，目前厂房已大部分拆除完毕。作为中北路华中金融城"一轴一片"规划的一部分，该地块将用于兴建包括一座 300 米的超高层主塔楼的亘星广场。

武汉市半导体器件厂

武汉市半导体器件厂位于武汉市武昌区岳家嘴。武汉市研制半导体器件较早，1960 年，电子科学研究所研制过二极管、三极管，但未能批量生产。1966 年 2 月，武汉市无线电局研究所、武汉大学、华中工学院、华中师范大学、武汉市二轻工业局联合组成了研制半导体器件的武汉地区技术协作小组，武汉市无线电局研究所和江岸区晶体管厂开始试制高频小功率锗三极管，当年上半年各试制成功高频小功率样管。

1966 年 8 月，以研究所的半导体试制组为基础，成立了武汉市半导体器件厂。当时仅有滨湖机械厂外一间厂房。1969 年迁入华中工学院与该院合办。1974 年复迁至中北路上高家湾。

武汉市半导体器件厂占地面积 44489 平方米，建筑总面积 17218 平方米，其中生产用面积 12930 平方米。有各种设备、仪器 1060 台，固

武汉市半导体器件厂大门

拆迁中的武汉市半导体器件厂

（来源：武汉大学国家文化研究院特聘研究员周国献摄，武汉大学国家文化发展研究院授权使用）

定资产原值 947 万元、职工总数 787 人，其中工程技术人员 103 人。最高年产值达到 11775 万元。第一代产品为锗高频小功率三极管。1969 年增产锗低频小功率三极管。该厂有超高频、高频、低频各种大中小功率的三极管品种系列 20 余种。产品的 40% 用于武汉市自行配套，10% 用于湖北省内配套，其余外供。

1985 年 4 月，属国家重点改造项目之一的净化厂房工程（3025 平方米）动工。同年 12 月，晶体管前道工序生产线改造，已列为国家第二批重点技术改造项目，总投资 700 万元。后来，半导体器件厂因市场变化处于亏损状态，现已拆除。

武汉市长虹模具厂

20 世纪 50 年代，武汉市生产塑料制品的模具大都从外地购进，到 50 年代末才开始有简单的模具加工。1963 年，长虹模具厂制成一台 30 克立式注塑机，为武汉市生产的第一台塑料机械；与此同时制成的还有第一副童鞋模具。注塑机和童鞋模具经试用鉴定后，交武汉市民权塑料合作社使用。此后，长虹模具厂成为了武汉市生产塑料模具和塑料机械的专业工厂，又陆续生产 20 厘米以上的塑料鞋模和制造 60 克立式注塑机，同时各塑料厂也相继向其定制各种塑料模具。

1965 年，长虹模具厂为适应模具生产的需要，设计制造出了一台 1200 吨油压机，这在推行模具冷挤压成型工艺和压制粉末冶金制品方面起着重要作用。这台油压机能制造较复杂的凹模，为扩大模具的花色品种创造条件。此外，长虹模具厂还先后制成辉光离子氮化炉、高频电火花机、成型磨床、靠模铣、抛光机、合模机，购置数字程序控制线切

位于武昌胭脂路 49 号的武汉市长虹模具厂改作长虹生鲜食品市场

（来源：武汉大学国家文化研究院特聘研究员周国献摄，武汉大学国家文化发展研究院授权使用）

割机床等设备，完善模具加工工艺条件。1969 年，长虹模具厂又制造出了 400 克注塑机和与塑料机械配套的叶片油泵。1970 年叶片油泵生产纳入二轻部计划，成为定型产品。

武汉市长虹模具厂旧址位于武昌胭脂路 49 号，现厂房已改造成为生鲜市场。

武汉市第五针织厂

1956 年，武汉市第五针织厂开工，1985 年该厂总产值 1101.8 万元，占地面积 20955 平方米，建筑面积 18741 平方米，职工 1153 人，固定资产原值 456 万元，主要产品为化纤衫裤。武汉市第五针织厂位于武昌

武汉市第五针织厂厂牌

武汉市第五针织厂厂房内景

（来源：武汉大学国家文化研究院特聘研究员周国献摄，武汉大学国家文化发展研究院
授权使用）

起义街，是集体所有制企业。目前，武汉市第五针织厂已停工，厂房基本已改建为民房。

武汉市四米厂

武汉市四米厂的前身是私营新新面粉厂，原厂址位于汉口汉正街566号。1949年12月以4.6万元出顶给湖北省粮食局，更名为红星面粉厂。[①]1951年3月，迁至武昌区自由路1号，年生产面粉能力比原来

武汉市四米厂位于武昌自由路的侧门过道
（来源：武汉大学国家文化研究院特聘研究员周国献摄，武汉大学国家文化发展研究院授权使用）

---

① 武汉市粮食局编：《武汉粮食志》，1988年。

武汉市四米厂底层变为华联超市中华路店车库

（来源：武汉大学国家文化研究院特聘研究员周国献摄，武汉大学国家文化发展研究院授权使用）

的 1.5 万吨增加一倍。1952 年新建大米车间，1953 年改名国营红星米面厂。1954 年 4 月移交武汉市粮食局，1956 年改为武汉市粮食工业公司第二米面厂，同年 12 月恢复原名国营红星米面厂。后来又多次更名，1971 年改为武汉市四米厂。

1986 年，全厂职工 623 人，主要设备有喷风式碾米机 9 部、30-5A 型碾米机 2 部、砻谷机 6 部，年产大米 5.3 万吨。共有大米、饲料、白酒、食品 4 个车间；工业总产值 2364.62 万元，利润总额 191.65 万元，固定资产总值 387.5 万元。

武汉市四米厂副产品有各种曲酒、甜酒等，尤其是四米厂米酒在江城口碑极好，原来在武昌大成路有门市部。位于武昌临江大道 35 号的武汉四米厂，目前为华联超市中华路店。

武昌白沙洲中铁物资公司钢材市场

中国铁路物资武汉有限公司隶属于中国铁路物资股份有限公司，前身系铁道部武汉物资办事处（后来为铁道部武汉物资管理处），1953年组建，始为铁道部武汉基地材料厂。1963年，由汉口胜利街迁至武昌城区张家湾街办事处辖区内，系铁道部驻武汉地区物资供应管理部门。

1988年，武汉材料厂成立多种经营室。1992年，武汉材料厂成立武汉公司，负责全厂的多种经营工作。21世纪初，中铁物资武汉公司成为中南地区集铁路物资采购、供应、储运为一体的大型商贸企业，中

白沙洲中铁钢材市场空留一尊腾飞骏马雕塑

（来源：武汉大学国家文化研究院特聘研究员周国献摄，武汉大学国家文化发展研究院授权使用）

国铁物在华中地区的战略支点。公司总部位于湖北省武汉市，在长沙、郑州、南昌、成都、昆明、重庆、上海、博兴、苏州等中心城市设有分支机构。

中铁物资武汉公司在武昌白沙洲地区拥有 250 余亩的物流中心，有 4 条铁路专用线计 1.8 公里，年货物吞吐量 40 余万吨。位于白沙洲大道和八坦路交会处的中铁钢材市场地块于 2015 年开始出让，净用地面积 219.46 亩，被万科拿下。目前该地块有待开发。

武汉灯泡厂

武汉灯泡厂位于武昌马房山，今武昌区珞狮路洪达巷，是一家全民所有制的中型企业，曾经是轻工业部 35 家灯泡生产的重点厂家之一。

1958 年，武汉灯泡厂正式创建，1959 年，为发展武汉市灯泡工业，经市计划委员会批准，将生产小电珠的武汉市第一灯泡合作工厂改为国营武汉灯泡厂，后来又将中光灯泡厂、华中玻璃厂玻壳工段和武汉无线电器材厂灯头车间并入。1960 年，第四机械工业部投资在武昌马房山兴建厂房，1961 年转入正常生产，生产能力达到 600 万只，产品品种 5 个共 20 多种规格，初步形成完整的灯泡生产体系。

20 世纪 80 年代以后，拨乱反正，企业进一步加强各项基础管理工作，加强技术引进、改造和新产品开发。"六五"计划期间，共投资近 300 万元，对玻璃池炉、普泡生产线、日光灯生产线等关键重点设备进行更新改造。1985 年，武汉灯泡厂占地面积 7752 平方米，建筑面积 4666 平方米，固定资产原值 912 万元，职工 290 人，其中工程技术人员 47 人；1985 年生产灯泡 2933 万只，占全省产量的 44.85%；工业

武汉灯泡厂

（来源：《中国企业登记年鉴·武汉专辑》）

武汉灯泡厂小区大门

（来源：武汉大学国家文化研究院特聘研究员周国献摄，武汉大学国家文化发展研究院授权使用）

总产值 1557 万元，实现销售收入 1430 万元，利税总额 405 万元。至 1985 年，国家累计投资 1112 万元，同期实现利税 3322 万元，其中上缴利税 2856 万元，实现利税为投资额的 1.98 倍。①

武汉灯泡厂后来因经营不善而破产，地块被房地产商拍得并进行开发。武汉灯泡厂大门特色鲜明，色调以黄色为主，造型端庄严肃，大门顶柱装有"武汉灯泡厂"五个大字，但因开发时工业遗产保护意识不足，导致灯泡厂大门被拆除。灯泡厂厂房也被拆除殆尽，现已被开发为博文花园。灯泡厂职工小区仍被保留，其还存有明显的20世纪50年代的"工人新村"特色，即两层红砖红瓦式楼房，整个职工宿舍区采用成街成坊式的大规模建设方式，有公共开放空间。另外，住宅区普遍存在建筑老旧、内部逼仄等缺点。

湖北省农业生产资料公司八坦路仓库

湖北省农业生产资料公司八坦路仓库（湖北农资白沙洲配送中心）位于武昌武金堤东约 380 米，东南邻铁道部物资管理处和武昌焦化厂。占地面积 7 万平方米。1964 年 1 月建成使用，1987 年统计有干部职工 320 人，车辆 41 部。建有仓库 13 栋，货棚 2 个，主要存放农药、化肥、农业生产工具。该仓库为国家农业部华中地区设备存放重点仓库之一。

湖北省农业生产资料公司八坦路仓库（湖北农资白沙洲配送中心）隶属于始创于 1952 年的湖北省农业生产资料总公司。总公司于 2005

---

① 武汉地方志编纂委员会主编：《武汉市志·工业志》，武汉大学出版社，1999 年。

湖北省农业生产资料公司八坦路仓库全景图

湖北省农业生产资料公司八坦路仓库的铁路站台

（来源：武汉大学国家文化研究院特聘研究员周国献摄，武汉大学国家文化发展研究院授权使用）

年整体改制，2009 年成立集团公司，2017 年 6 月更名为湖北农资控股集团，现注册资本 2 亿元。经过几年的改革和拓展，目前已发展成拥有"农资""再生资源""茶业"三大主业，资源性资产开发和资本运作等多元化经营板块在内的"集团化管理、专业化分工、多元化经营"的企业集团。

目前，湖北省农业生产资料公司八坦路仓库部分库房出租给私营企业经营，另有一座大型铁路站台，已经废弃。

武汉制漆四厂

新中国成立前，武汉油漆生产水平很低，只能生产油脂漆和天然树脂漆两大类，品种为厚漆、红丹防锈漆、鱼油（清油）调和漆、快燥磁漆、凡立水等低档产品，规模都很小，主要供应铁道、内河船舶等企业用漆。新中国成立后，百废待兴，1952 年武汉市实施公私合营政策后，将一些企业重组与合并。

1928 年由民族资本家林圣凯在汉口创立的建华制漆厂及建成油漆厂，于 1954 年先后实现公私合营并为一体，定名为公私合营武汉制漆厂，1956 年又并入金文工业社、时进油墨厂。1957 年至 1960 年，武汉制漆厂可以生产醇酸树脂漆等复合涂料，生产工艺虽有所提高，但仍然为单纯加工，无法生产高档油漆。至 1965 年，武汉制漆厂主要生产传统产品，太古油、刹车油、皂化油，质量也不断提高，专业生产的综合能力逐步形成。

1966 年该厂改名为国营武汉制漆厂。

1980 年，武汉制漆厂与原武汉农药二厂、武汉化学溶剂厂以及武汉制漆四厂的前身——武昌有机玻璃厂等联合组建成武汉制漆总厂。除厂本部外，分别定名为制漆二厂、制漆三厂、制漆四厂和制漆五厂，还有一个涂料研究所和一个产品试销门市部，共有职工 1524 人。[①]

作为武汉制漆四厂前身的武昌有机玻璃厂，位于武汉市武昌区白沙洲兴隆街，是武汉市化工局下属集体企业，投产年份为 1954 年，占地面积 0.6 万平方米，职工 296 人，固定资产原值 91 万元，1985 年工业总产值 417 万元，利税 86 万元，主要产品产量油漆 1221 吨，有机玻璃13 吨。[②] 1987 年，武汉制漆总厂本部及二厂、三厂、四厂、五厂，以及本部所属的涂料研究所、供销公司组建成立武汉双虎涂料工业公司，进入全国涂料前三强。武汉制漆四厂成为双虎涂料工业公司武汉制漆四厂。

1990 年，武汉双虎涂料工业公司成立武汉双虎涂料（集团）公司。1992 年，公司率先在全国大型工业企业中进行股份制改革，改制为"武汉双虎涂料股份有限（集团）公司"。1997 年 12 月，根据国家工业政策调整，武汉制漆四厂从武汉双虎涂料股份集团独立，改为武汉市霸虎船舶涂料制漆四厂。目前，武汉制漆四厂大部分厂房出租给私营企业经营，部分厂房已拆除。

武汉市玻璃钢厂

1965 年，为用玻璃纤维替代工业用棉、毛、丝、麻等材料和推广

---

① 武汉市化学医药工业局编：《武汉化工志稿》，1983 年。
② 武汉地方志编纂委员会主编：《武汉市志·工业志》，武汉：武汉大学出版社，1999 年。

应用玻璃钢制品，建工部召开全国玻璃纤维、玻璃钢工作会议。会后，武汉市建材局科研所在本省首先试制玻璃纤维和玻璃钢制品，1969 年转入小批量生产。

武汉市玻璃钢制品厂为武汉市市属全民所有制企业，1966 年由武汉市建材局科研所试制组与武汉市蛭石厂合并组成，厂址在武昌白沙洲四坦路原武汉市第四砖瓦厂内，占地 7.5 万平方米。拥有代铂拉丝炉 13 台，拉丝机 18 台，织布机 64 台及相应配套设备。

武汉市玻璃钢制品厂主产玻璃纤维与玻璃钢制品，兼产膨胀蛭石与膨胀珍珠岩及其制品。1985 年，玻纤纱、玻纤布、玻璃钢制品产量分别达到 150 吨、192 万米、117 吨，工业总产值 485 万元。1966 至 1985 年，固定资产投资 365 万元，利润总额累计 495 万元。1985 年职工总数 575 人，其中工程技术人员 10 人。[①]

目前，主厂区厂房基本上已废弃，办公楼门窗紧锁。

湖北省轻工业机械厂

1962 年 4 月，经湖北省人民政府批准，湖北省轻工业局在武昌徐家棚成立湖北省轻工业技术学校，重点是探索和学习在湖北工业化进程中轻工业机械制造、工业理论、电气化工业设备应用等，地址位于武昌区团结路 9 号，东连武汉肉食品冷冻加工厂，西临和平大道，南抵团结路，北为菜地，占地面积 2.3 万平方米。

1965 年，湖北省轻工业技术学校改为湖北省轻工业机械厂。该厂

---

① 武汉市武昌区地方志编纂委员会：《武昌区志（上）》，武汉：武汉出版社，2008 年。

主要产品有冲床、车床、印刷机等。现如今，湖北省轻工业机械厂早已拆除，但紧挨着厂区的职工宿舍尚存，并在原厂址上兴建了长江国际商品房小区。

在回顾湖北轻工业机械厂的发展历程时，我们看到了一批追求卓越的工作人员。例如，曾任湖北省轻工业机械厂厂长的韦会林。在1978年12月8日，他被一辆用户的货车撞着，当场被撞断了一条左腿，右手腕粉碎性骨折，拇指翻转易位，身受重伤。飞来的横祸，无疑给韦会林带来了巨大的痛苦。然而，半年后，1979年7月，人们惊奇地看到，韦会林用棉絮、厚布包扎住初愈的左腿残肢装上假腿又上班来了！从此以后，他在任场内技术科长期间，与别的工程技术人员一样伏图板，一

湖北省轻工业机械厂原厂址上兴建了长江国际商品房小区

（来源：武汉大学国家文化研究院特聘研究员周国献摄，武汉大学国家文化发展研究院授权使用）

样到现场工作；并且运筹全科工作，为拓展新技术应用、开发新产品，一样外出调研、外出协作和走访用户，挤公共汽车，甚至步行。夏天，假肢筒内积的是磨破伤口的血水、汗水；冬天，则是疤痕累累的冻疮块疤。坚毅的韦会林从不叫声苦，日复一日埋头工作。5个年头过去了，他先后主持并直接参与设计、试制与交付使用三种市场急需和填补国内空白的新型塑料吹膜机组，其中，"高效农膜机组"获部级重大科技攻关项目二等奖、省科技进步三等奖，"S45×25FL1.0型地膜机组"获优秀新产品奖。企业取得了较好的社会经济效益，并打下了以塑机经营生产为业进行二次创业的扎实基础。

1983年11月之后，韦会林先后任湖北省轻工业机械厂副厂长、厂长和党委书记，参与决策和主持湖北省轻工业机械厂工作。依靠技术进步，走以内涵发展为主的道路，领导了"六五"与"七五"工厂发展规划的制订、引进技术与技术改造项目总体技术方案设计及其可行性研究论证和工程项目建设全过程；参与了三项填补国内空白或具有世界先进水平的新产品开发研究、设计、试制及生产力转化工作。经过多年不懈的努力和发展，湖北省轻工业机械厂焕发出了新的活力。

国营长江有线电厂（国营733厂）

国营长江有线电厂（国营733厂）位于原关山一路14号，今关山大道融科天域楼盘处，是一个老军工企业。于1958年10月筹建，五次更改厂址，最终定于武昌黄金山，1966年建成投产。该厂建成投产以来，产品生产有许多突破性发展。由产品仿制到自行设计、研制、生产，再由单一品种逐步形成电传机、传真机和计算机外部设备三大系列近 20 个品种，产品渐次由机械式、半电子式走向全电子式结构。

截至 1985 年，该厂占地面积 19.52 万平方米，建筑面积 11.81 万平方米；有职工 2344 人，其中工程技术人员 391 人；固定资产净值 2231 万元，是我国电子工业建的第一家电传机、传真机设备制造工厂。1985 年，创工业总产值 2293 万元，利税总额 830 万元。

该厂主要产品有 T-1000 系列、DCY 系列电传打字机，II 类文字传真机，SZ 系列作孔机等。其中 DCY-2 型电传打字机、SZ-3 作孔机均为部优、省优产品。1984 年，电器零部件进入国际市场，1985 年，出口量达 40.1 万件。1983 年以后，为了使国产化电传机达到现代通信技术水平，工厂开始进行大规模技术改造，先后引进德国西门子公司 T-1000 系列电传机产品及其生产线设备和技术，使生产规模具有年产

国营长江有线电厂生产的电传打字机
（来源：《湖北省志·工业（上）》）

4000 部电传打字机的生产能力。①

2002 年 12 月 9 日，国营长江有线电厂通过"债转股"改制为武汉长江融达电子有限公司。华融公司、信达公司以债转股权形式出资，分别占 56.8% 和 16.53% 的股份，中国电子以资产出资占 18.5% 股份。同时，土地性质由国有划拨变更为出让土地，其相关差价和税费以股份作价给东湖开发区下属大型国有资产管理公司武汉高科国有控股集团。

改制之后，公司位于武汉市东湖新技术开发区内（国家级），属高新技术企业，面积 171 亩，现有员工近 1000 人，专业技术人员近 200 人，其中高、中级人员 100 多人；高级技师 60 余人。该公司系国家研制、生产通信终端设备的重点骨干企业，隶属中国电子信息产业集团公司（CEC）。通过多年的努力，公司已经形成了通信终端、精冲技术、模具设计与制造、汽车零部件、铆接机等机电设备、压塑压铸等 6 大类多品种系列产品。公司于 2000 年通过 ISO9000 质量体系认证，2009 年通过了 ISO/TS16949 质量体系认证。

为了扭转亏损局面，2010 年 7 月，四大股东协商决定出让现有土地，以获取资金来建设新厂，并对技术设备进行改造更新，且改善员工待遇。2011 年 9 月 5 日，武汉长江融达电子有限公司政策性搬迁签约仪式在光谷生物城举行。根据协议，省科投公司和市土地储备将代表高新区以 2.5 亿元的价格收回长江融达公司现有 201 亩土地，同时在佛祖岭安排新址用于长江融达公司异地重建。2015 年 9 月 19 日，在原国营长江有线电厂厂址上兴建的融科天域开盘。

2014 年，国营长江有线电厂宿舍长江社区开始拆迁。2018 年，在原长江社区兴建的"中建大公馆"开盘。目前"中建大公馆"项目尚在进行中。

---

① 武汉地方志编纂委员会主编：《武汉市志·工业志》，武汉：武汉大学出版社，1999 年。

武汉棉纺总公司胜新物流公司

武汉棉纺总公司胜新物流公司位于武汉市坊机路 37 号,创建于 1965 年,前身为武汉市纺织运输公司第二仓库,为武汉市一轻工业局纺织产业处直属单位,被列为国家纺织品储备运输仓库。

1986 年更名为武汉纺织第二仓库。1999 年 6 月,由于国资企业新一轮改革发展和重组,纺织胜新物流成立,仓库名称被改为武汉纺织胜新仓库。纺织胜新物流注册资金达 3000 万元,有职工 110 余人,主要经营国内陆路、水路、铁路运输代理、危险品运输、集装箱运输、普通货运、仓储、专业皮草物流、中转、城市配送、多式联运。

后因经营不善等问题,武汉纺织胜新仓库被出租给武汉思凯物流公司经营。2019 年 3 月,该仓库库房已被拆除。

武汉汽车标准件厂

武汉汽车标准件厂位于武昌关山地区,创建于 1958 年。前身为 20 世纪 40 年代的"肖复泰铁工厂"私人手工作坊,1956 年进行公私合营,组成了武汉农具标准件厂,1958 年由汉口迁至武昌,更名为武汉国营机械标准件厂。1959 年与关山轴承厂合并,并被命名为武汉轴承标准件厂,原主导产品为轴承标准件。1963 年,武汉汽车标准件厂被移交至第一机械部,主导产品变为汽车标准件。同年 10 月,厂名改为"武汉汽车标准件厂"。该厂是全国汽车工业定点生产配套的汽车标准件和专用件专业化生产的骨干企业,是国家高强度汽车标准件产品开发基地

汽标社区入口

武汉汽车标准件厂变身光谷 K11 购物艺术中心、光谷新世界

（来源：武汉大学国家文化研究院特聘研究员周国献摄，武汉大学国家文化发展研究院授权使用）

和"七五""八五"技改重点项目厂家之一。[1]

为进一步解决汽车标准件专业化生产和配合北京、南京等地汽车制造厂的建设，1963年，一机部第六局委托洛阳轴承厂对武汉汽车标准件厂进行扩建设计，但因投资渠道等方面的原因，扩建计划被搁置。1964年至1970年，该厂参加了行业《标准件手册》《汽车紧固件标准》制订工作。1966年底，一机部对原扩建计划进行调整，武汉汽车标准件厂正式进行扩建。1967年至1971年，该厂新增多间厂房，生产能力大为提升。

1970年，武汉汽车标准件厂被交由湖北省机械工业局领导。1972年至1982年，一机部和湖北省人民政府多次对该厂进行投资，武汉汽车标准件厂部分生产车间被扩建，添置了71台设备。在这一时期，武汉汽车标准件厂生产产品主要有汽车车轮螺丝、单螺母结构的车轮螺栓等，且生产能力达到1.5亿件。1978年，该厂开始采用国际通行的紧固件机械性能标准，并扩大应用至螺栓、螺母等其他产品，最终该厂产出产品性能均高于国内现行标准。同年，武汉汽车标准件厂开始负责行业产品鉴定。1983年，武汉汽车标准件厂被列为"六五"计划期间全国机械电子工业首批参与技术改造的企业之一。

1985年，武汉汽车标准件厂新增生产建筑面积达13000多平方米，工艺设备62台。经扩建后，全厂占地面积达164913平方米，建筑面积97869平方米，设备共523台，职工有2037人，设有计划、生产、财务等15个行政管理科室，技术改造与技术引进办公室，冷拔、螺栓、冲压等9个工作车间和汽车标准件研究所，全年生产标准件、专用件共2.5亿件。

---

[1]　武汉市统计局编，《武汉经济发展之基石：1991年大中型工业企业概况》，1991年，第56—58页。

进入 21 世纪以来，由于武汉汽车标准件厂机制僵化、管理涣散等原因，工厂停产多年，并于 2005 年经省国资委、省劳动和社会保障厅批准同意，实施解散清算和职工安置，并通过处置变现有效资产等途径，进行偿还债务和解决职工安置费用等问题。2007 年武汉汽车标准件厂进行部分实物资产公开转让。

武汉汽车标准件厂早已拆除，原厂址变身光谷 K11 购物艺术中心、光谷新世界。位于原厂区对面的汽标社区仍在继续原有的生活节奏。

尽管现如今的武汉汽车标准件厂已被拆除，但我们应当记住在那段奋斗岁月里为厂内发展做出卓越贡献的人。曾任武汉汽车标准件厂技术副厂长的吴家贤在任期间，进行了厂长负责制的试点，并在几十年的技术工作中，抓管理、抓技术改造并搞活生产经营，同时推行了一系列改革措施并卓有成效。1986 年，工厂比上一年利润总额增长 10.2%，1987 年，增长势头不减，各项经济技术指标达到国家二级企业水平，同时又出口创汇近百万美元，居同行业首位。吴家贤曾说："活着就要有所贡献，组织上需要我干什么，我就一定努力干好！我衷心希望能有更多的专业人才踩着我的肩冲上去，为中国汽车工业的腾飞多出一把力！"

中铁大桥局白沙洲材料厂

中铁大桥局白沙洲材料厂位于武昌白沙洲地区，于 1965 年设立，前身为隶属于大桥局材料供应科的材料厂，1985 年更名为全路优秀标准仓库。

为了筹建武汉长江大桥，1953 年铁道部大桥局成立了以桥梁建设为主业的专业化工程局——铁道部大桥局。据《铁道部大桥工程局志

（1953—1995）》^①记载，铁道部大桥局于 1953 年 4 月成立材料供应科。1954 年 9 月，供应科下设材料厂、木材加工厂和沙石采集队。1955 年 10 月，材料厂和木材加工厂合并为大桥局材料厂，合并后的材料厂仍隶属材料供应科。1956 年 4 月，大桥局材料供应处成立，同年 9 月更名为大桥局物资管理处。1960 年，材料厂主要人员和设施被转移至南京浦口，建立浦口材料厂，汉阳仓库仅留少数人员。1965 年 3 月，浦口材料厂被撤回，白沙洲材料厂被设立，并和铁四局共用场地。1974 年，经武汉市建委和大桥局批准，于汉阳鹦鹉地区征购一块菜地筹建大桥局材料厂。1977 年，大桥局材料厂建成为"大庆式"物资部门。

1980 年，大桥局材料厂占地 10 万平方米，仓库 4 万平方米，货场 3 万平方米，厂内铁路专用线 7 道，可进行水陆联运、公铁互达。1985 年，大桥局材料厂被铁道部命名为全路优秀标准仓库。1993 年 3 月，物资管理处和材料厂合并组建大桥局物资公司。

2018 年 4 月，大桥局白沙洲材料厂基本已被废弃，多数厂房变成印刷品废品仓库，部分废弃厂房变为共享单车维修仓库。

武汉专用汽车制配厂

武汉专用汽车制配厂位于武昌白沙洲地区，建于 1958 年。工厂初期主要产品为锅炉。1965 年，武汉 2.5 吨载重汽车上马，开始生产汽车钢圈，更名为武汉汽车钢圈制造厂。

1970 年，该厂生产能力达到 5 万套。1972 年，武汉市机械工业局

---

① 中铁大桥局集团有限公司史志编纂委员会编，2001 年 12 月。

武汉专用汽车集团公司大门

武汉专用汽车制配厂

（来源：武汉大学国家文化研究院特聘研究员周国献摄，武汉大学国家文化发展研究院授权使用）

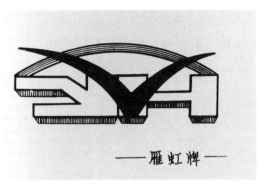

武汉专用汽车制配厂商标
（来源：《中国企业登记年鉴·武汉专辑》）

决定将倾翻式散装水泥车转至武汉专用汽车制配厂，该厂开始从事装车生产。1974 年武汉专用汽车制配厂开始研制 WH-QD4 型气动散装水泥运输车，1976 年底试制成功 4 辆样车并进行量产。1975 年，进行气罐式水泥散装车的设计制造，1977 年进行该产品批量生产。1978 年试制成功双头锥连平筒式 QC-5C 型东风散装水泥自卸汽车，后来该厂产出车辆均以该产品为基本型。[①]

　　1985 年，武汉专用汽车制配厂有职工 639 人，主要设备 110台，主导产品为散装水泥车、汽车钢圈和玻璃钢冷却塔。同年该厂WH140SN 型散装水泥车荣获湖北省优质产品。[②]1987 年初，为符合工厂生产现状，更名为武汉专用汽车厂。1993 年，武汉专用汽车厂转换经营机制，实现全年工业总产值 5547.75 万元。

①　武汉地方志编纂委员会主编：《武汉市志·工业志（上）》，武汉：武汉大学出版社，1999 年，第 420—421 页。
②　武汉地方志编纂委员会主编：《武汉市志·工业志（上）》，武汉：武汉大学出版社，1999 年，第 420—421 页。

进入 21 世纪，在市政府的大力支持和指导下，武汉专用汽车厂经过改制、资产重组，组建武汉楚星专用汽车有限公司。公司占地面积 12.7 万平方米、厂房面积 7.3 万平方米，设备近 500 台套。因经营不善等原因，现在处于营业执照被吊销状态。

武汉电视机总厂

武汉电视机总厂始建于 1973 年，位于湖北省武汉市武昌区中北路 12 号，是机电部百家重点企业之一。生产"莺歌"系列彩色、黑白电视机、电子琴和其它电子应用产品，主要品种有 53CM、51CM、47CM、44CM、37CM 豪华遥控彩电，44CM、35CM、31CM、14CM 立卧式黑白电视机。工厂拥有一套 80 年代先进水平的整机测试环境试验设备及信号源，两台三菱 40000 克大型注塑机，一条 JVC 彩电自动流水线（系全国最先进五条线之一），一条彩电、黑白兼容松下翻版线和一条自制黑白机生产线，具备年产 40 万～ 50 万部电视机生产能力。设备总数 160 台、电子测量仪器总数 580 部。工厂技术力量雄厚，能自行开发各类电视机及电子应用类产品，且采用计算机辅助设计。[①]

1969 年 7 月，武汉变压器厂按上海产的 104 型机结构试制，随后组建电视机生产车间，生产 915 型 14 英寸武汉牌黑白电视机。同年湖北省给予 30 万元专项投资支持，并纳入工业品生产计划。是年制成 70 台，到 1973 年 7 月，共生产 1055 台电视机，1973 年 8 月，以电视机车间为基础，在武昌中北路组建武汉无线电四厂，后改名武汉电视机

---

① 武汉市统计局编：《武汉经济发展之基石—一九九一年大中型工业企业概况》，第 66 页。

武汉电视机总厂

武汉电视机总厂"莺歌"牌电视机外包装图案

厂。1975年，武汉电视机厂开始研制晶体管莺歌牌黑白电视机。①

　　1989年，武汉电视机厂扩编为武汉电视机总厂。全年生产电视机
24.2万台(黑白机17.8万台，彩电6.4万台)。实现工业总产值2.05亿元，
销售收入1.44亿元，利税1644万元，出口创汇64万元，交特别税1900
万元。销售收入在全国百家电视机企业中由第64位上升到第51位。②

① 资料来源：《中国企业登记年鉴·武汉专辑》。
② 武汉年鉴编纂委员会主编：《武汉年鉴1990》，武汉：武汉大学出版社，1990年，第127页。

　　截至 1985 年，武汉电视机厂有职工 1013 人，其中工程技术人员 150 人；占地面积 18600 平方米，建筑面积 22636 平方米；拥有 3 个生产车间、2 个分厂、1 个贸易公司；固定资产原值 814 万元；1985 年实现利税 1061 万元。"莺歌"电视机在 20 世纪 90 年代中期以后，渐渐被猛烈的市场浪潮所吞没。其后几次试图重启"莺歌"品牌，都未能如愿。1999 年，武汉电视机总厂、厦门华侨电子有限公司、武汉中恒电子制造有限公司、武汉机电控股公司共同出资组建厦华·中恒电子有限责任公司，以多种经济形式共同发展。①

　　2002 年，电视机厂已彻底关张，老厂区由武汉工业控股集团托管。2013 年，武汉电视机总厂入选"武汉市第一批工业遗产名录"，为三级工业遗产。

---

① 武汉市地方志编纂委员会编：《武汉市志 1980—2000 第四卷》，武汉：武汉出版社，2006 年，第 175 页。

三、重工业企业

新中国成立后的"一五"和"二五"计划时期，国家在武昌进行了大规模的工业建设，相继建成了武汉重型机床厂、武汉锅炉厂、武昌造船厂、武昌车辆厂、湖北建筑机械厂等一批重要的重工业企业。武昌因此成为国家重要的制造业基地，现如今保存了大量的工业遗产。

江汉造船厂与武昌机器厂

1929 年，在武昌鲇鱼套创办了规模较大的民营造船厂，即江汉造船厂，该厂分为船壳厂、机器厂、模型厂、锅炉厂、翻砂厂五部分，其中船壳厂与机器厂于 1930 年 9 月建成投产，当时能够造 500 吨以下的钢船，并承包湖北省建设厅"汉文"号轮船的修理工程。1933 年，承接造办"大车"号轮船等 4 艘，修理轮船 12 艘，营业收入达 41235.2 元。经过数年发展，该厂有各种机床 14 台、动力机 2 台，年制造船 2 至 3 艘（达 600 吨以内）、机器 2 至 3 台、锅炉 2 至 3 座，年产值达 10 万元。官办的武昌机器厂成立后，先后承接了大量省营轮船修理业务，造成江汉造船厂业务缩减，生产严重不足。1937 年，该厂被省政府收购，并入武昌机器厂，成为以修造船舶为主的较大型工厂。[①]1937年省航业局成立后，直接管辖武昌机器厂，并将收买的民营企业江汉造船厂并入，改称湖北省航业局修船厂。全面抗战前，该厂共建造各种类型的船舶17艘，其中钢质客货轮11艘、木质1艘、趸船2艘、快艇3艘，共843.75总吨位、3900客位。[②]1947年在文昌门设立武昌分厂，新中国建立后成立"江汉船舶机械公司"，1953年改为"武昌造船厂"，2009年2月改制为"武昌船舶重工有限责任公司"，是我国重要的军工生产基地和以造船为主的大型现代化综合性企业。

武汉汽轮发电机厂、中国长江动力(集团)公司

武汉汽轮发电机厂是中南地区第一座电站汽轮机、汽轮发电机制造厂，曾是全国六大电站汽轮发电机制造企业之一。前身是创建于1905年的周恒顺机器厂。1954年，汉阳双街遭大水，该厂迁往武昌官布局旧址（今武汉音乐学院西校区），更名为武汉动力机厂。[③]1988年9月，该厂成立长江动力集团作为中国航天科技集团公司旗下专业公司，是国内唯一既制造火电机组又生产水电设备的企业，与武重、武锅一起构成"武"字头三大装备制造企业。成为中国先进的中小型汽轮机、水轮机和发电机的专业制造商，是原机械工业部定点的热电联供汽轮发电机组的专业生产厂家，曾列名于全国520户重点企业，多次被评为全国

---

① 湖北省交通史志编审委员会：《湖北航运史》，北京：人民交通出版社，1995年，第324页。

② 湖北省交通史志编审委员会：《湖北航运史》，北京：人民交通出版社，1995年，第324—325页。

③ 资料来源：武汉市档案局。

中国长江动力集团

（来源：中国长江动力集团有限公司官网　http://www.ccjec.com.）

500 家最佳经济效益企业。60 年来，已设计制造汽轮发电机组 2600 多台，水轮发电机组 600 多台。截至 2016 年 12 月 31 日，公司注册资本为 2.5055 亿元人民币，总资产 35.6 亿元，在职职工 2000 余人。[①]

武汉汽轮发电机厂自 1958 年改扩建以来，基本建设"两上两下"，长期未形成配套生产能力，企业设备严重老化，直到 1982 年固定资产净值仅为原值的三分之一。1981 年底新班子上任后，就把开发适销对路的新产品放在首要位置上。他们面向市场，分析需求，预测趋势，结合本厂实际，制定"扬长避短、出奇制胜"的产品发展战略。

1982 年，武汉汽轮发电机厂根据国家的节能政策及多家办电的方针，瞄准化工、轻纺企业自备电站以及老电厂技术改造的需求，选择中小型节能的热电联供机组为开发火电产品的主动方向，很快成为占领市场的"拳头"产品。在水电方向，他们开发生产的全贯流水轮发电机组场，填补了国内空白。1984 年至 1987 年，该厂共开发各种类型的水电、

---

① 资料来源：中国长江动力集团有限公司官网 http://www.ccjec.com

武汉汽轮发电机厂社区

（来源：武汉大学国家文化研究院特聘研究员周国献摄，武汉大学国家文化发展研究院授权使用）

火电机组 41 种，发电设备盈利额占全部盈利额的 75% 。与此同时，他们预测火电设备大型化的趋势后，又完成了大型火电设备的设计及技术准备工作，使自己的实力成为全国五大发电设备生产基地之一。

1986 年 2 月，该厂发起组建了长江动力公司，现已发展成横跨 6 大行业、15 个省市、联合 100 多个成员单位，集科研、制造、土建、安装、管理和人才等综合优势为一体的大型企业集团。这个公司冲破传统的生产经营模式和旧的管理体制，不新设管理机构，不增加管理人员，不收取管理费用，对成员单位采取章程和经济合同制约，走出了一条多产业开发、多元化经营的大型企业集团的新路子。1987 年市政府又与他们签订了每期 4 年的上缴利润递增包干承包合同，这给该厂的生产发展创造了一个宽松环境，但他们没有因此而满足，而是努力运用这些政策,狠抓企业内部经营机制改革,不断增强企业活力。[①]2011年长动集团开始搬迁。2012年9月,航天科技重组长动集团,委托航天推进技术研究院(中国航天科技集团公司第六研究院)代表其行使出资人职责,并对长动集团进行日常业务管理。

2017年,中国电建地产集团、武汉地产集团与南国置业正携手在长动集团旧址上打造新的城市核心综合体——泛悦城,原厂房已全部被拆除。而原长动集团对面的汽发社区历经岁月变迁,仍保持原样。

武昌造船厂

武昌造船厂是中国船舶重工集团公司所属的现代化大型工业企业,我国重要的军工生产基地和以造船为主的大型现代化综合性企业,也是我国船舶工业公司的骨干企业之一。武昌造船厂始终遵循中船重工集团公司"创建中国最强最大,国际一流船舶集团"的发展要求,对自身不断创新超越,是国家船舶工业"创新能力十强"企业,曾荣获"全国守合同重信用企业""全国质量效益型先进企业""湖北省最佳文明单位""全国技能人才培育突出贡献奖"等荣誉。武昌造船厂以其高质量产品以及优秀的企业文化等条件,堪称中国船舶工业的摇篮。

武昌机厂是1934年湖北省建设厅航政处利用当时的南纱局所创办的,这是武昌造船厂的前身。次年,武昌机厂经过省府核准,扩建以及新建了生产车间,生产范围不断扩大。1936年工厂学习西方经营理念,实行成本会计法并采用"泰勒制"进行劳动管理,制定各工种所需标准

---

① 《积极探索有中国特色的企业发展道路——武汉汽轮发电机厂的调查》,《中国经贸导刊》1988年第15期。

时间以提高工人的生产效率。同年 11 月，武昌机厂接管省府保安处修械所，次年划属湖北省航业局领导并改称湖北省航业局修船厂，并同时收并私营江汉造船厂。

随着 1938 年日本侵占武汉，工厂被迫内迁至宜昌、万县等地，1945 年抗战胜利后工厂迁回武汉，并先后接收东亚工业株式会社等工厂洋行重建湖北机械厂，下设五个工厂和一个船厂。1947 年湖北机械厂改属湖北省企业委员会管辖，下设武昌、汉口两个部分，其中武昌分厂的规模有所扩大。其后受到内战的影响，1948 年后工厂基本处于停产状态，直到 1949 年武汉解放后，武汉市军管会接管湖北机械厂，通过管理委员会民主管理企业，同时实行监委制，工厂经营有所好转。

1950 年，湖北机械厂改属中央人民政府重工业部船舶工业管理局领导，在积极参加抢修工作的同时，也注重工厂自行设计制造能力，成就巨大。如工厂自行设计制造的挖泥船"洞庭号"是我国第一艘绞刀式挖泥船，其参与抢修接管的三艘驱逐舰参加了解放舟山群岛的战斗。1953 年起，湖北机械厂改称武昌造船厂，同时工厂学习与推广苏联造船管理方法，如深触电焊法、高速切削法等，并建立质量检验制度。工厂的设计制造水平大幅度上升，自行设计制造并安装了以荆江分洪闸门及绞车等为代表的一系列工程，工厂人员与规模都有所增加与扩大。这个时期也是武昌造船厂的全面建设时期，结束了长期分散经营局面后的武昌造船厂对于自身生产技术进行了较大的改进与发展。1954 年，苏联专家委员会来华研究舰艇转让，参与制定了部分操作流程与工艺规程等并针对军品生产的要求提出修改工厂设计，对武昌造船厂的技术改进起到了重要作用。1955 年，随着武昌造船厂第一期基本建设工程基本完工，船台、码头、滑道等新的建筑设施的陆续建成，武昌造船厂提高了设备实力，也加强了船舶的修造能力。

进入 80 年代以来，随着改革开放的进行与国民经济的改善与发展，武昌造船厂为适应新的社会需求，小批量生产用于沿海运输的 5000 吨级散装货轮，并于 1983 年建成了豪华型的游船"扬子江"号，这也是长江流域第一艘豪华型旅游船，对于长江旅游事业起着重要推动作用。1985 年，武昌造船厂为联邦德国鸿林公司建造了多用途货轮一艘和挪威服务于石头开发的三用工作船六艘，这为武昌造船厂打开了国际船舶市场的大门，这个时期武昌造船厂产值与利税总额都创造了新的纪录。

随着国内基本建设规模的压缩，使得造船业与船舶市场的发展不甚景气，竞争的愈发激烈也使工厂生产任务逐渐出现了不足的局面，这些局势驱动着武昌造船厂开始从生产型向生产经营型转变，并将工厂定位由军工企业向民用工业转化。而面对国内国际市场的进一步的融合与扩大，武昌造船厂也不断拓展新的业务领域。1986 年以来，工厂除生产船舶产品外，也开始生产冶金设备、建材设备及轻工部门的机械和金属结构产品。民用产品与非船舶产品已经占据了工厂产值的半数以上，产业结构发生了极大的转变。同时在工厂管理结构方面，执行了分级分权管理，并根据市场的变化不断改革企业管理生产组织及配套设施以促进生产的发展。

2009 年 2 月 28 日，武昌造船厂改制为武昌船舶重工有限责任公司，以公司制重新进入市场，简称"武船"，隶属于中国船舶重工集团公司。随着经济体制改革的不断深入与国际国内形势的不断变化，武昌造船厂以新的面貌充分发挥其设备以及技术优势，多种经营，加强企业管理，逐渐形成了较为合理的产品结构，为社会主义建设做出了更大的贡献。[1]

---

[1] 《当代湖北工业》编辑委员会编：《当代湖北工业·企业卷》，北京：经济日报出版社，1988 年，第 672—674 页。

改制后的武船总部外景

（来源：彭小华主编，武汉市政协文史学习委员会等编：《品读武汉工业遗产》，武汉：武汉出版社，2013年，第167页）

目前武昌造船厂工厂设施仍在使用，武船集团坚持以创新驱动企业发展，根据现代集成制造系统的理念、按照企业信息模型构造的基本思路进行信息化建设。现如今，武昌造船厂基本完成了生产设计信息模型、人力资源信息模型、物资供应信息模型和管子加工车间信息模型的构造与实施，并取得了良好的经济效益和社会效益。近年来，武船集团以中央提出的"四个全面"战略布局和"五位一体"总体布局为引领，坚持发展是第一要务，全面落实"创新、协调、绿色、开放、共享"发展理念，实施供给侧结构性改革，去产能、去库存、去杠杆、降成本、补短板，以质为帅，创新发展，绿色发展，逐步将武船集团打造成为技术引领发展、军民融合协调发展、绿色集约发展、国际化开放发展的大型企业集团，继续保持中高速发展，在船舶行业中总量进位、质量升级，全面建成小康武船，努力为建设海洋强国、实现第一个百年奋斗目标作出新的贡献。

武昌造船厂老办公楼

武昌船舶重工有限责任公司

（来源：作者自摄）

武昌造船厂现如今的辉煌发展是一代代工作人员奋斗和努力的结果。曾任武昌造船厂副总工程师兼科研设计所所长、高级工程师、中国造船工程学会会员的杨迈在这其中作出了不可磨灭的贡献。几十年来，他紧密地结合生产需要，专心致志搞好科研工作。1964年革新成功电磁铁。1971年革新成功"可控硅直流弧焊机"，以此为基础撰写的论文《直流弧焊机》编入《可控硅在造船工业中的应用》一书，此书于1974年由人民交通出版社出版。1978—1980年间，他研制成功"可控硅有源逆变器"，此项成果获1980年度国务院颁发的国防工业重大科技成果三等奖。撰写的《特种电磁铁》和《两台容量不同原动机型号亦异的直流复励发电机并联工作稳定性分析》两篇论文，在武汉造船学会年会上发表。《直流电能回收装置》这篇论文发表于1983年《中国造船杂志》第四期(总83期)上，此文被评为全国造船学会电气学组优秀论文。《船舶电气系统中的节能技术》一文在1984年《船电技术》杂志第四期上发表。杨迈同志在工作和科研方面都作出了重大贡献，曾多次受表彰。1980—1982年，连续三年被评为武昌造船厂标兵，1982年被评为武汉市劳动模范，1983年被评为武汉市技术革新标兵，1990年荣获国家某项重点工程先进个人三等奖。①

武昌车辆厂

武昌车辆厂是国家最早建立的一批重要工业企业之一，始建于1946年，原隶属于铁道部，后划归中国南车集团，是全国唯一的以保

① 宿迁市政协文史资料委员会：《宿迁文史资料 第13辑 宿迁名人录》，1992年，第25页。

温车制造为主的车辆设计修造基地和铁路冷藏运输装备开发研制基地。已成为全国 500 家大型运输设备制造企业之一，是中国制造和修理铁路运输冷藏车的专业化工厂。

武昌车辆厂筹建于 20 世纪 40 年代，1947 年 3 月正式开工，1949 年有材料仓库、办公楼、住宅和厂房等建筑，但因规模较小而尚未形成生产能力。50 年代进行扩建，到 1962 年底，生产厂房和生活福利设施总面积达 8 万多平方米，生产能力可达年修客车 110 辆和货车 2800 辆。为适应铁路运输发展的需要，铁道部于 1965 年决定对该厂进行扩建，金工厂房由原中南设计院设计，其余建筑均由工厂负责。1972 年武昌车辆厂增设生产装卸机械化设备。1973 年新增修造机械保温车厂房及设备。在发展过程中，武昌车辆厂生产能力不断提升。1986 年，工厂划归铁道部成立的机车车辆工业总公司领导。

1980—2000 年，工厂设计制造出 B23 型加冰冷藏车 PJ3 型家畜车、P64 型棚车、ICC 型 20 英尺机械冷藏集装箱等 16 个系列 78 个品种的车辆产品。1994 年，该厂设 18 个管理处室、10 个技术处室、13 个生产车间、4 个分厂、5 大总公司；新造货车 380 辆，修理客车 210 辆，修理货车 352 辆，实现利税 2001 万元。1991—2000 年，通过技术改造和技术引进，车辆厂设计制造能力提升，成为中国铁路冷藏运输设备开发研制基地。其中主导产品 B23 型、B10 型机械冷藏车是中国铁路冷藏运输的主要车种，整车性能达到国际先进水平。1994 年铁道部下文将铁道部武昌车辆工厂更名为武昌车辆厂。

2000 年达年造货车 54 辆，修理客车 502 辆，并通过技术改造和引进及设计制造能力的提升，成为了中国铁路冷藏运输设备开发研制基地。2000 年，实行政企分开，原中国铁路机车车辆工业总公司一分为二，组建成南车集团公司和北车集团公司，武车隶属于中国南方机车车辆工业集团公司。2001 年，武昌车辆厂与铁道部脱钩，成为中国南方机车车辆工业集团公司铁路车辆制造的专业企业。2002 年，武车更名为中国南车集团武昌车辆厂。

2007 年 11 月，武昌车辆厂同江岸车辆厂实施整体搬迁至江夏区大桥新区，并与南车集团旗下 5 家车辆厂整合成立中国南车集团长江公司。可以说，武昌车辆厂对武昌交通运输业的发展发挥了重要作用，经历并见证了武昌汽车制造业的发展过程，具有较高的历史价值。

2010 年底，武昌车辆厂原厂址地块被拍卖，最终由绿地集团竞得。绿地集团在原址上规划建设滨江商务区。但是在开发建设过程中，工程方将原厂房等建筑全部拆毁，老厂门也被换牌，原厂址已变得"面目全非"，难以寻找先前武昌车辆厂的踪迹。[①] 现如今在原武昌车辆厂的旧址之上，绿地集团将投资 300 亿元建造一个以高达 606 米的"绿地中心"为主体的武汉绿地国际金融城。

回顾武昌车辆厂的发展历史，在其开端之处有一位开拓者始终以专业严谨的态度、甘于奉献的精神、矢志不渝的信念投入到工作中去，他便是李宣予，1901 年出生的李宣予自小崇拜詹天佑，希望为铁道事业贡献一生。1921 年，其在上海交通大学机械系就读。1927 年到交通部上海电信局任技术员，后转入沪宁铁路任助理工程师，1934 至 1936 年前往英国伯明翰机车车辆厂实习。1946 年，李宣予根据交通部之铁路会议拟订的"战后五年建设计划"及"铁路总机厂之车辆制造设计纲要"在南京正式成立"武昌车辆厂筹备处"，并担任处长兼总工程师。在李宣予的不断努力下，武昌车辆厂在短短两年时间内建成，拥有一万四千

---

① 湖北省湖泊志编纂委员会：《湖北省湖泊志系列丛书·沙湖》，武汉：湖北科学技术出版社，2016 年，第 14 页。

开发中的原武昌车辆厂地块

（来源：武汉大学国家文化研究院特聘研究员周国献摄，武汉大学国家文化发展研究院授权使用）

多平方米的厂区和一百九十一台机床设备。由于技术人员的缺乏，李宣予亲自调试机器设备，以确保车辆厂的正常运作。武汉解放前夕，国民党妄图炸毁车辆厂，李宣予和全厂职工一起组成纠察队保护厂区，成功使武昌车辆厂保留下来。武汉解放后，李宣予加紧抢建厂房，安装调试设备，招收大量技工，以支援解放军南下。[①] 在李宣予的不懈奋斗下，武昌车辆厂坚持开拓创新，不断发展，逐渐成为武汉重工业发展史上的代表性企业之一。

---

① 《老照片》编辑部：《老照片温情系列：我的父亲》，济南：山东画报出版社，2018年，第72—81页。

中国人民解放军第七四三五工厂

中国人民解放军第七四三五工厂始建于 1949 年，是隶属于中国人民解放军火箭军装备部的大型国有军工企业。工厂现总占地面积为 334 亩，共有三个厂区。主厂区位于武汉市洪山区民族大道，占地 165 亩，另两个厂区分别位于武昌区张之洞路、彭刘杨路，现全部用于发展第三产业。

中国人民解放军第七四三五工厂建于武汉造币厂原址，1937 年 3 月，财政部命令成立中央造币厂武昌分厂，同年 8 月 25 日，中央造币厂接管武昌厂。并于 10 月 19 日开铸铜、镍辅币。由于战线逐渐逼近，1938 年 7 月 31 日中央造币厂武昌分厂停铸。武汉撤守后，武昌造币厂沦为日本侵略军的修械所和武器仓库。1945 年，抗战胜利后，厂址由兵工署第十一厂接管。中央造币厂根据财政部指令，接收武汉厂房。

1947 年第十一兵工厂迁移到湖南株洲建立新厂，该厂房又由第三十兵工厂租借。1949 年 5 月武汉解放，第三十兵工厂由武汉军管会接管。1949 年 8 月 1 日，撤销第三十兵工厂厂名，定名为中国人民解放军第四野战军后勤部军械部修械厂。1951 年，军械部修械厂迁址，厂区由中国人民解放军第七四三五工厂迁入。1952 年 8 月，江零五一工厂（现中国人民解放军第七四三五工厂）试制出 M-20 引擎，组装了 3 辆美式吉普车，成为武汉市最早生产的整车。[①]1960 年，武汉江零五二工厂（现中国人民解放军第七四三五工厂）贯彻中国人民解放军总后勤部"又修又制，修制结合"的方针，决定试制军内急需的嘎斯 -51

---

① 武汉市地方志编纂委员会主编：《武汉市志·工业志（上）》，武汉：武汉大学出版社，1999 年，第 404 页。

汽车减震器，解决部队修车之用。他们根据总后车船部下发的嘎斯汽车图册，试制成功摇臂式减震器，第二年生产出 200 支，发往部队使用。[①]工厂作为全国轻便小车行会成员厂之一，1982 年开办了湖北省第一家进口汽车维修中心，修理各式进口卧车、面包车、工具车。直到 1985年时，中国人民解放军第七四三五工厂已从单一修车发展成为汽车改装、配件制造的中型企业。在"军民结合，以民养军"的方针指导下，积极进行民品生产，产品行销全国，享有一定声誉。

中国人民解放军第七四三五工厂生产汽车配件检测手段齐全。产品经湖北省、武汉市计量局验收，已达到国家二级计量标准。产品有筒式减震器、轴承、机油泵、方向机滚轮和修车修船专用工具。汽车减震器年产 20 万只以上，其中 EQ140 减震器为东风汽车工业联营公司定点产品，1984 年被总后评为优质产品。ST90K 微型汽车减震器是全国第一家通过长春汽车研究所鉴定合格的产品。[②]

现如今的中国人民解放军第七四三五工厂旧厂房大多数空置，部分厂房出租给健身房、饭店等私营企业经营。

湖北省林业机械厂

湖北省林业机械厂位于武昌区白沙洲四坦路，武金堤公路东侧，东北邻湖北省木材公司白沙洲贮木场，占地面积 2.64 万平方米。该厂研

---

① 中国汽车零部件工业史编辑部编：《中国汽车零部件工业史》（1912 年—1990 年），中国汽车技术研究中心印，1994 年，第 316 页。
② 中国汽车工业销售服务公司主编：《中国汽车配件生产企业名录》，北京：机械工业出版社，1986 年，第 578 页。

湖北省林业机械厂

湖北省林业机械厂

（来源：武汉大学国家文化研究院特聘研究员周国献摄，武汉大学国家文化发展研究院授权使用）

发出"武昌牌"软木砖，其加工产品以其加工工艺独特、技术性能稳定可靠而驰名中外。

1954年9月建厂，始称湖北省木材公司软木加工厂，1959年改为湖北省林业机械厂，1963年改为湖北省林业厅武昌软木厂，1975年复为林业机械厂。湖北省林业机械厂在提高传统产品软木砖生产质量的同时，加强新产品聚合软木系列的开发研制工作，并取得显著成绩。湖北省林业机械厂生产的"武昌牌"软木砖，1980年被评为"省优质产品"。1981年获国家经委颁发的银质奖章及证书。机械厂的软木车间自1956年至1984年，累计生产软木砖11.8万立方米，出口4300多立方米，创利税700多万元。1980年，其产品获"湖北省优质产品"称号，1981年获国家经委颁发的银质奖章和证书。1984年，该厂移交给武汉市二轻局管理。到1985年全省累计生产软木砖19万立方米，产值4395万元(出口4000多立方米，创汇100万美元)，上缴利税1086万元。①1987年，湖北省林业机械厂有职工673人，主要产品有3310型、318型、346型木工带锯机，软木砖等，年产值350万元。1993年，湖北省林业机械厂通过技术改造，研制开发出汽车专用橡胶软木垫获得成功。1994年10月，在全国林业名特优新产品博览会上，湖北省林业机械厂生产的"武昌"牌软木砖获金杯奖。同月，该厂研制的聚合软木纸获得由湖北省林业厅颁发的银杯奖。②湖北省林业机械厂员工张永亮获1994年武汉"五一劳动奖章"。

1998年，湖北省林业机械厂停产。目前，湖北省林业机械厂多数

① 蔡大干主编、马秀珍等撰稿；湖北省地方志编纂委员会编：《湖北省志·农业（下）》，武汉：湖北人民出版社,1999年，第166页。
② 武汉年鉴编纂委员会主编：《武汉年鉴1995》，武汉年鉴社，1995年，第142页。

厂房出租。

武汉化工机械厂、武汉市第二化工机械厂

武汉化工机械厂前身为位于武昌红巷的大江风动机械厂，建于1954年，原隶属武汉市机电局，1966年划归武汉市化学工业局。1974年11月，根据化工机械发展的需要，武汉市燃料化学工业局决定将该厂在武昌和汉口舵落口两个车间分为第一化工机械厂和第二化工机械厂。

20世纪60年代，武汉市的化工机械制造业随着化学工业的发展，特别是化肥工业的兴起，逐渐发展起来。1978年，武汉市化工管理局将第一化工机械厂改为医药机械厂（1984年11月划归新成立的武汉市医药局）。1983年武汉市化工医药局又把第二化工机械厂改为武汉化工机械厂，仍隶属武汉市化学工业局。1985年底，武汉化工机械厂共有

武汉化工机械厂

（来源：《中国企业登记年鉴·武汉专辑》）

现如今的武汉化工机械厂厂区

（来源：武汉大学国家文化研究院特聘研究员周国献摄，武汉大学国家文化发展研究院
授权使用）

职工 495 人，其中技术人员 35 人，生产运输等设备 197 台，固定资产
原值 343 万元，占地面积 38208 平方米，建筑面积 18100 平方米。主要
产品是搪瓷反应釜，年综合生产能力为 1000 吨。1990 年，武汉化工机
械厂等单位并入武汉双虎涂料工业公司，组建武汉双虎涂料（集团）公
司。1992 年，改名武汉双虎涂料股份（集团）公司，性质为公有制股
份有限公司。[①]

　　目前，原武汉化工机械厂厂房已拆除，原厂址部分用作驾校，部分
成为停车场，部分堆放沙子。

---

① 武汉市地方志编纂委员会编：《武汉市志 1980—2000（第 3 卷）》，武汉：武汉出版社，
　2006 年，第 329 页。

湖北省武昌锅炉容器厂、武汉天元锅炉有限责任公司

　　武汉天元锅炉有限责任公司（公司前身湖北省武昌锅炉容器厂）建于1954年，位于今武汉市江夏区纸金路与锅炉厂路交叉口，是第一机械工业部定点锅炉制造厂之一，是武昌县工业公司所属全民所有制企业。现今武汉天元锅炉有限责任公司已是国家锅炉行业定点骨干企业，中国电器工业协会电站锅炉分会会员单位，中国机电工程学会热电行业委员会会员单位，中国电器工业协会工业锅炉分会理事单位，湖北省锅炉压力容器协会锅炉专业委员会主任委员单位。公司拥有国家A级锅炉制造许可证和一、二类压力容器设计制造许可证、锅炉安装维修证，取得美国机械工程师协会（ASME）的"S"和"U"钢印证书。

湖北省武昌锅炉容器厂

（来源：武汉大学出版社《武昌县志》）

锅炉厂废弃厂房

（来源：武汉大学国家文化研究院特聘研究员周国献摄，武汉大学国家文化发展研究院
授权使用）

湖北省武昌锅炉容器厂始建于 1954 年，原在武昌武泰闸，1955 年
迁汉阳鹦鹉洲改名武昌县地方国营木船厂，后改名船舶修造厂，1960
年 10 月迁金口镇。1968 年，经湖北省计委批准，拨款 90 万元转产锅炉，
改名锅炉容器厂，于 1969 年开始生产锅炉，1970 年正式投产。1985 年，
有职工 729 人，其中工程技术人员 38 人；占地面积 14 万平方米，建筑
面积 3.96 万平方米；固定资产 676.9 万元，主要设备 183 台；全年生
产锅炉 348 台 /772 蒸吨，产值 1196 万元，利润 194 万元。建厂以来总
投资 679 万元，累计实现利税 1360 万元。1990 年企业改制为武汉天元
锅炉有限责任公司。

在企业成就方面，1989 年湖北省武昌锅炉容器厂取得 B 级锅炉制
造许可证和一、二类压力容器设计及制造许可证，2001 年自动转换为

A 级，同年在湖北省锅炉行业中首家取得"国家二级企业"称号。2000年通过 ISO9001 质量认证体系，2004 年通过 ISO14001 环境管理认证体系，能为用户提供设计、制造、运输、安装、维修等一条龙服务。2001 年被评为湖北省知名企业，2002 年被评为武汉市高新技术企业，2004 年被评为湖北省高新技术企业和中国优秀民营科技企业，2005 年，天元牌锅炉被评为湖北省名牌产品，连续三年被评为守合同重信用企业，2007 年被评为湖北省优秀企业、湖北诚信建设荣誉单位，2008 年，"天元"被认定为武汉市著名商标。2011 年 9 月，博世热力技术与中国工业锅炉生产商武汉天元锅炉有限责任公司及其三个子公司签署收购协议，2012 年 1 月，博世热力技术完成收购。①

现如今企业多数厂房空置，部分厂房出租给私营企业经营。

武汉重型机床厂

武汉重型机床厂是我国第一个五年计划期间由国家投资、苏联援建的 156 项重点工程之一，是新中国成立后国内最早兴建的最大的重型机床专业制造厂，是中国制造重型机床和数控机床的骨干企业和国家一级企业，也是我国规模最大的重型机床专业制造厂之一。武重坚持"立足国内、放眼世界、勇于创新"的方针，曾荣获"中华民族脊梁中最坚硬的骨头""中国机床行业'十八罗汉'之一""亚洲重型机床行业的明珠"等声誉。武重厂房及苏式大门是新中国初期工业建设的历史见证，"刀具大王"马学礼的"四见"精神是激励工业战线的一面鲜艳旗帜，"照

---

① 《博世热力技术收购武汉天元锅炉有限责任公司》，《供热制冷》2012 年 2 月，第 70 页。

武重办公大楼旧址

（来源：彭小华主编，武汉市政协文史学习委员会等编：《品读武汉工业遗产》，武汉：武汉出版社，2013年，第184页）

马学礼那样干"成为那个时代响亮的号召。20世纪90年代，武重进行企业改革，获得"中国品牌"的荣誉。

新中国成立初期，机床是机械工业的基本生产设备，但当时我国机床工业远远不能满足进行社会主义现代化建设的需要，因此，发展机床工业是促进行业发展的必然要求。1953年5月，国务院第一机械工业部第二机器工业局宣布成立"中南重型机床厂筹备处"，史梓铭和王候山分别任筹备处正、副主任。厂名先后改为"中南重型工具机厂筹备处"和"武汉重型工具机厂筹备处"，其间并入了原位于湖南长沙的"中南车床厂筹备处"。参加筹建的人员先后在武汉、长沙等地进行选址，后来在苏联专家的指导下，将厂址选定在武昌答王庙，1955年正式破土动工。1956年5月15日正式更名为"武汉重型机床厂"。

此项工程原拟订分为两期进行，后在建设社会主义的迫切心情和强烈愿望驱使下，基于对国民经济建设和"二五"计划机床工业发展情况的认识，1956 年 5 月 12 日，厂长史梓铭和党委书记叶卧波联名向党中央上报《建厂工作报告》，提出修改建厂总进度计划，采纳中苏两国专家的意见，将两期工程合并为一期，时间上提前一年半建成并全面投产。经过中南工程管理局第三工程处等建设单位的共同努力，于 1958 年建成，同年 9 月经国家验收合格，工厂的主要生产设备来自苏联、捷克斯洛伐克、德意志民主共和国和联邦德国。武重在 1958 年时就建立技术革新工作的管理机构，1959 年技术革新办公室正式成立，专门管理技术革新事务。随后便在全厂掀起了以工具改革为重点的群众性技术革命和技术革新热潮，涌现出了一批革新能手，如工程师马学礼成功革新的"深孔套料刀""深孔钻""内孔梢胎""外旋风铣"等项目被推广到全国各地应用；刘道成革新"双金属离心浇注"，解决了工厂的生产关键问题。在 70、80 年代，余维明攻克技术难关 1002 项，其中包括国防尖端的技术难关、大型昂贵的进口轧钢设备的技术故障等，为机床事业的发展作出了突出贡献。

中共十一届三中全会以后，在"改革、开放、搞活"方针的指引下，武汉重型机床厂积极调整服务方向和产品结构，实行科学管理，研制成功一批具有国际先进水平的新产品。1990 年，中国机床行业进入低谷，加之自身沉重的负担和落后的经营体制，武重开始长达 10 年的"下坡路"。1993 年，武重首次出现历史性亏损，1996 年亏损近千万元。90 年代后半期，武重经过运行机制和生产技术革新，秉承"中国制造、中国创造"的理念，重新扬帆起航，承担五轴联动数控机床的重点攻关项目，机床总体技术逐渐达到同类机床国际先进水平。2002 年，武重正式改制为"武汉重型机床集团有限公司"。

从 2002 年起，武重就在酝酿搬迁，但选址几经波折。2006 年 6 月，武重决议用 30 个月搬家，搬家费用由卖地筹得。2007 年 2 月，上海

武汉重型机床集团有限公司

豫园商城房地产公司用 35.05 亿元拿到武昌中北路 790 亩的武重宝地。2008 年底，武重从青鱼嘴搬迁到佛祖岭，从传统化向数字化、高精尖转型，武重进行了一次华丽的转身。2010 年 5 月，武重整体搬迁改造项目全部完成，其重大关键设备的数控化率从 5% 提高到 90%。2011 年 10 月 25 日，中国兵工集团与武重的战略重组完成，更名为"中国兵器工业集团武汉重型机床集团公司"，武重时隔 28 年重回央企序列，继续保持着中国重型机床行业的领航人角色。①

　　武重 60 多年的建厂史，是新中国大型国有企业发展史的缩影，为武汉市也增添了一笔光辉的历史文化印记。2007 年，复地集团竞得武重旧址地块的开发权，计划在该地块建造总建筑面积达 106 万平方米的各类建筑。为保留武重的工业遗迹，该房地产开发企业在初期规划中，将工业遗产的历史厚重感与住区景观环境品质、文化气质相结合。目前，在武重旧址的住宅小区内，老厂房被改造成为售楼中心，原厂区烟

---

① 彭小华主编，武汉市政协文史学习委员会等编：《品读武汉工业遗产》，武汉：武汉出版社，2013 年，第 183—191 页。

囱、老火车头、红砖墙等工业遗产元素得以保留，并与楼房、景观协调搭配，使居民和访客到来之后产生时空交错之感，使走近它们的老武重人感到十分亲切。

回顾武重建设发展的历史进程，有大量的劳动模范纷纷涌现出来，如 1935 年生的周进德，他曾任武汉重型机床厂用户服务组组长、高级经济师。1962 年 9 月，周进德在武汉重型机床厂第 25 车间时，负责重型机床电气装配调整，出色地完成任务，解决了不少技术难题。这时由他装配完成的机床，计有：龙门刨床、龙门铣床、仿型龙门铣床、龙门插床、立式车床、卧式车床、落地镗床以及滚齿机等。他支援武钢大修改造重型机床。周进德始终如一、坚持不懈地为全国各地用户提供技术服务，带动攻克技术难关等，获得大家一致好评。1979 年 3 月，周进德奉调武汉重型机床厂对外服务科，专职为全国各地用户进行技

武汉重型机床厂大门

（来源：作者自摄）

术、质量咨询服务。在电气方面，他更是独当一面，南征北战，为各用户厂技术咨询、安装调试、调修各类重型机床、帮助解决机床电气疑难问题等，保证了各用户厂机床的正常运转，并对相关厂进行技术人员培训，赢得了大家的赞誉与信任。为适应现代化企业管理之需要，周进德根据机电部机床司的指示，负责建立了武汉重型机床厂用户服务工作质量保证体系，设计了"武汉重型机床厂用户服务工作流程方框图"，制订了一整套用户服务工作规章制度，如《用户服务工作细则》《出差人员守则》《用户服务工作条例》《用户信息管理办法》《用户服务经济责任制》等等包括设计用户服务工作表式 20 余种，使武汉重型机床厂的用户服务工作走上了制度化、规范化。经受了全国用户的考验，与上级领导机关的各类验收鉴定检查，成绩显著，使武汉重型机床厂成功跨进国家一级企业的先进行列。

建筑遗存也是工业遗产的重要组成部分之一，位于武昌中北路 108号的武重老厂门是武重旧址另一重要的工业遗产。该厂门是典型的苏式建筑，高 10 米，长 20 米，宽 6 米，门楼正面为四柱、三开间的风雨廊形制，门柱是方形，其上部有简单的纹饰，门楼上方竖立着"武汉重型机床厂"7 个大字，顶部则是硕大的楷体字"武重"，既是企业的简称、企业的标志，更是武重工人们对企业的爱称。2011 年 3 月，武汉市人民政府将武重老厂门确定为市级文物保护单位，并在门楼周边划定的一块保护范围。2013 年，武汉重型机床厂大门以及厂房均被列入"武汉市第一批工业遗产名录"，分别为一级工业遗产和二级工业遗产。

随着时代的发展，武重老厂门一方面见证着武昌的快速变化，另一方面与周围的豪华建筑、彩灯招牌、新潮广告等格格不入，如何进一步与周边功能与环境相联系、相搭配，展示工业遗产背后的艰苦奋斗、创新发展的精神，亟待拿出一套有效且完善的解决方案。[1]

国营武汉造船专用设备厂(第6803厂)

国营武汉造船专用设备厂（第6803厂）原位于武昌中北路，今沙湖大道与公正路交会处。是中国船舶工业总公司直属的全民所有制大型企业。创建于1956年，最早的名称是第一机械工业部安装总公司第四机电安装公司。造船专用设备厂原占地面积18.3万平方米，固定资产原值2400多万元，有职工2000多人（不含附属工厂），其中工程技术人员占9%。该厂产品主要是军品，此外还有造船专用设备、小型船舶、家用液化气钢瓶等。

从1956年到1978年的22年间，该厂的隶属关系经过了几次变化：由隶属一机部改隶属三机部，再而改隶属六机部。该厂下属有4个工程处、1个加工厂。主要从事各种进口和国产大型机电设备的安装业务。

自1996年开始，国营武汉造船专用设备厂连续六年亏损，经全国企业兼并破产和职工再就业工作领导小组批准，列入了2000年第二批全国企业破产计划内项目。8月29日，该厂正式向武汉市中级人民法院申请破产还债，9月1日，武汉市中级人民法院裁定宣告该厂进入破产程序，并成立由9个政府职能部门人员组成的清算组，依法开展破产清算工作。12月14日，武汉市中级人民法院裁定宣告破产程序终结。[2]

目前，国营武汉造船专用设备厂的厂房均为闲置状态。

---

① 张笃勤、侯红志、刘宝森编著：《武汉工业遗产》，武汉：武汉出版社，2017年，第84—85页。
② 武汉年鉴编纂委员会主编：《武汉年鉴2001》，武汉年鉴社，2001年，第110页。

国营武汉造船专用设备厂

国营武汉造船专用设备厂

（来源：武汉大学国家文化研究院特聘研究员周国献摄，武汉大学国家文化发展研究院授权使用）

武汉电力设备厂

武汉电力设备厂成立于 1958 年，是中国电力建设有限公司全资子公司，是电力工业部华中电力集团公司唯一直属修造企业，是电力系统制造翻车机的专业厂家。工厂地处"九省通衢"的武汉市，面临长江，背靠 107 国道和京广铁路，有 7 条专用铁路线直通厂房，水陆交通得天独厚。厂区占地 23 万平方米，在册职工 1200 多人，其中包括各种专业技术人员，固定资产 9000 多万元，拥有钢材预处理装备、数控切割机、12m 刨边机、10m 立车等一大批大型设备，加工设备共 500 多台，具有雄厚的技术力量、加工生产能力和检测能力。[1]

中国电建集团武汉重工装备有限公司（原武汉电力设备厂）成立于 1958 年，前身为武汉列车电站基地，隶属于原水利电力部列车电业局，主要任务是为保证国家的国防安全、国防试验、大型基础工业建设、重大灾情的援助、援救等所需要电能提供移动电站发电、调迁及检修等。1959 年至 1963 年，全厂只有职工三百多人，三个车间。1963 年，厂名由列车电业局武汉装配厂改为列车电业局武汉列车电站基地，成为列车电站的后方基地，负责中南、华东地区列车电站的备品配件制造，车辆检修、大修及电站调迁任务。1975 年 4 月，水利电力部将武汉列车电站基地扩建为中南地区的中心电力修造厂。

1980 年至 1983 年，企业由生产型向生产经营型转变。其中，1982 年一度出现亏损。同年，随着我国国民经济快速发展的需要和大批电源点的建成投产，能流动、小容量的列车电站退出了发电机组系列，列车

---

[1] 电力工业部电力机械局，中国华电电站装备工程（集团）总公司编：《火力发电厂设备手册第五册》，1998 年，第 206 页。

中国电建集团武汉重工装备有限公司（原武汉电力设备厂）

（来源：武汉大学国家文化研究院特聘研究员周国献摄，武汉大学国家文化发展研究院授权使用）

电业局随之撤销，中国电建集团武汉重工装备有限公司划归电力工业部华中电业管理局管理，更名为华中电管局武汉电力设备修造厂，转型生产翻车机等大型散装物料装卸输送设备，继而成为国家电网华中电网有限公司的全资企业。1983年下半年，武汉列车电站基地移交华中电业管理局，厂名更改为华中电业管理局武汉电力设备修造厂。1984年扭亏为盈，各项技术经济指标创历史最好水平。1985年元月起开始试行厂长负责制。1994年，更名为武汉电力设备厂。2011年9月29日，划归中国电力建设集团。目前仍为国有独资企业。[①]

截至1986年，该厂有职工1077人，其中工程技术人员70人；工厂占地面积23万平方米，建筑面积7.3万平方米；厂内有6股铁路

---

① 资料来源：中国电建集团武汉重工装备有限公司官网 http://djzg.powerchina.cn

武汉电力设备厂

（来源：武汉大学国家文化研究院特聘研究员周国献摄，武汉大学国家文化发展研究院授权使用）

专用线，共长 3.4 公里；1986 年完成工业总产值 1119 万元，实现销售收入 1061 万元，上缴利税 167 万元。该厂主导产品 ZFJ-100 型转子式翻车机，1985 年通过部级鉴定，1986 年获华中电业管理局科技成果一等奖。

目前，该厂仍处于正常生产状态。在长期发展建设过程当中，该企业获得诸多荣誉，包括："华能"牌翻车机、卸船机被授予"湖北省名牌产品"，"华能"商标为"湖北省著名商标"，中国钢结构协会团体会员单位，"华能"牌翻车机荣获"中国机械工业优质品牌"称号，悬链斗卸船机被评为"中国电力科学技术进步奖三等奖"及"集团公司科技进步一等奖"，12 层立体车库荣获 2016 年集团公司"优质产品奖"及第十八届中国高交会"智造创新银奖"，过机车双车翻车机获得集团公司"科技进步二等奖"，挂车翻车机获得集团公司"科技进步三等奖"，适应非洲铁路标准的翻车机项目获得集团"科技进步三等奖"等。①

武汉锅炉厂

武汉锅炉厂是中国生产电站锅炉和特种锅炉的大型国有企业，是国家"一五"计划的重点建设项目之一，同时也是继上海锅炉厂、哈尔滨锅炉厂后我国建成的第三个大型锅炉厂，是国内电站锅炉的大型骨干企业之一。后续发展成立的武汉锅炉股份有限公司则是世界五百强企业之一，是中国设计制造各类高压、超高压、亚临界电站锅炉的主要生产基地之一。武汉锅炉厂部分产品曾荣获国家金质奖章，是国家命名的锅炉"技术中心"之一，曾获得"全国锅炉制造企业质量信誉用户评比最佳企业"称号，时至今日仍具有旺盛经营的活力，对我国经济发展与社会主义建设作出了巨大贡献。

1953年，中南锅炉厂筹备处在武汉成立，准备建设中南地区锅炉厂。同年12月，中南锅炉厂筹备处改名为武汉锅炉厂，并且在筹建过程中，苏联和捷克斯洛伐克专家对其建设进行了实地指导。1959年，武汉锅炉厂建成并正式投产。1964—1981年间，武汉锅炉厂的各项后续工程全面完工，党中央和省市领导对武汉锅炉厂的建设极为重视和关怀，周恩来、朱德等都曾来厂视察。

1985年，武汉锅炉厂已成为国内生产电站锅炉和工业锅炉的五大骨干企业之一，其向国家上缴的利润是国家投资总额的2.7倍。厂房建

---

① 资料来源：周国献摄影作品集《大武汉》。

武汉锅炉厂开工剪彩

筑面积扩大，铁路专用线迅速延伸，技术与经济实力皆较为雄厚。武汉锅炉厂所生产的电站锅炉品种较多且适用范围广泛，其生产的黑液锅炉可以减轻环境污染，在1989年荣获国家优质金奖，这也是至2000年为止国内环保锅炉唯一的一块金牌。黑液锅炉在国内市场覆盖率高达90%，且出口海外进入国际市场，在国内国际市场皆得到一致好评。武汉锅炉厂生产的石墨－水冷反应堆及压水堆设备等军工设备为国家国防工业与原子能工业的发展提供了坚实的基础与支援力量。

进入90年代，武汉锅炉厂成就斐然。1990年，武汉锅炉厂取得国际通用的美国机械工程师协会授予的锅炉及压力容器授权证书及相应的压力容器规范"U"钢印和动力锅炉"S"钢印。1991年，武汉锅炉厂成为武汉市第一家通过机电部确认的"国家特级安全企业"。1992年基于武汉锅炉厂的主要经济指标在全国同行业企业中位列第四，国家经贸委授予其"中国技术开发实力百强企业"的称号。1993年，武汉锅炉厂被国家认定为首批四十家企业技术中心之一。在1995年，则获得中国商检质量认证中心颁发的质量体系注册证书。

1996年以来，改革开放的推进带来国家政策的调整，火力发电行业受到了宏观调控，电站锅炉市场也逐渐开始萎缩。武汉锅炉厂资金逐渐紧张，同时企业效益也不断下滑，逐渐出现了巨额亏损，武汉锅炉厂的经营陷入了低谷。但工厂积极进行调整与改革，改革企业内部管理结构，加强管理人员的培训与建设，主动吸取积极思想，锐意进取解放思想；同时武汉锅炉厂实行减员增效的措施，对企业内部结构进行了大的调整与改革，通过一系列的措施，武汉锅炉厂逐渐走出了低谷，销售收入上涨并逐渐走出亏损的局面。

1998年，武汉锅炉厂进行了股份制改造，并且将其子公司武汉锅炉股份有限公司——武锅集团最大的子公司和锅炉生产中心在深圳上市，成为武汉市唯一一家B股上市公司。

进入21世纪，基于武汉市对武汉锅炉厂采取一系列支持措施，武汉锅炉厂在对自身进行改革调整后，仍然是中国设计制造各类高压、超

武锅B在深交所上市

高压、亚临界电站锅炉的主要生产基地之一，也是中国最大的环保锅炉生产基地，并逐渐成为一个现代化产业集团。2007 年，阿尔斯通收购"武锅股份"，成为控股公司。2015 年，深圳证券交易所对武汉锅炉股份有限公司股票予以摘牌，武锅股份成为能源装备产业第一只退市的境内上市 B 股。①

2009 年，武汉锅炉厂整体搬迁至东湖高新技术开发区，而位于武昌区武珞路 589 号的旧厂址得以保存，其生产区现已成为百瑞景住宅小区，作为其职工生活区的"红房子"则已拆除，武锅旧厂址中的"403 房子"得以保留，这为旧址的文化遗产功能的发挥提供了契机。武汉锅炉厂旧址处在古琴台—长江大桥—黄鹤楼—首义广场—宝通禅寺这一历史文化走廊的侧翼，从工业的历史遗存来看，武汉锅炉厂旧厂址属于当代工业遗产，是一系列新中国铸造的"武字头"企业的典型代表，是社会主义工业化的象征，在特定的历史背景下，几代人艰苦的创业历程在这里沉淀为真实而弥足珍贵的城市记忆。2013 年，武汉锅炉厂入选武汉市第一批工业遗产目录，被《武汉市工业遗产保护与利用规划》列为武汉八个三级工业建筑遗产之一，成为"武锅"悠久文化的代表，并在后续被改造为"403"国际艺术中心。

"403"国际艺术中心整体颇具文艺气息，其定位为"文艺青年们不能错过的地方"。而其内部的部分装饰物与展览台是原武汉锅炉厂的工业设备，从内部结构仍能看到车间顶部的原貌。在厂房外貌方面，"403"国际艺术中心也对原厂房的基本外貌进行了保留，并未做改头换面的改动。而"403"国际艺术中心所处的区域则是原武汉锅炉厂的中

---

① 武汉市武昌区地方志编纂委员会：《武昌区志（上）》，武汉：武汉出版社，2008 年，第 360—361 页。

"403"国际艺术中心外景
（来源：作者自摄）

"403"国际艺术中心标识
（来源：作者自摄）

心位置，曾有武汉锅炉厂行政管理中心、职工俱乐部等职工生活设施，也曾有其机械生产区。但如今的"403"国际艺术中心与"汉阳造"不同，除去装饰设备之外，在文字方面并没有体现出与原武汉锅炉厂的关系，老武汉锅炉厂的历史与照片等并没有在原址处有任何留存。以道路名称为例，贯穿这片老武汉锅炉厂原址区域的道路被命名为"宝通寺"路，而临街的商业道路则被命名为"百瑞景中央花园商街"，而附近的"武锅路"也正在面临拆迁的命运，不再有老武汉锅炉厂的气息存在，并未做出保护与利用的措施。如何保留老武汉锅炉厂的气息与历史，尚需一套完整的解决方案。[1]

在回顾武锅历史的过程当中，我们也同样看到了一位令人印象深刻的劳模榜样。于1959年分配到武汉锅炉厂工作的李继三在厂内工作的几十年来，忠诚于技工教育事业，模范地履行技工教师的义务。在教学过程中，他认真贯彻理论与实践相结合的原则，同时强调操作技能的训

---

[1]　张笃勤、侯红志、刘宝森编著：《武汉工业遗产》，武汉：武汉出版社，2017年，第87—89页。

"403"国际艺术中心
（来源：作者自摄）

练，对待工作严肃认真、兢兢业业，对待学生与培训的工人以及周围的同事平易近人，毫无专家学者的架子。任职以来，李继三在武汉锅炉厂技校培养了三百余名合格的电焊毕业生，先后为武汉锅炉厂培训了大批合格焊工，他所培训的焊接工在历次参赛中有十五人获全国、湖北省、武汉市"新长征突击手""技术能手"的光荣称号，有五人取得技师合格证书。以李继三为主的武汉锅炉厂焊接培训中心，因成绩突出，多次受到表彰。1992年，全国总工会、劳动部、共青团中央、机械电子工业部联名授予李继三"伯乐奖"。①

———————————

① 中国人民政治协商会议浙江省桐乡县委员会文史资料委员会：《桐乡文史资料》第12辑，《桐乡当代人物资料（一）》，1993年，160页。

湖北储备物资管理局三三七处

湖北储备物资管理局三三七处是管理国家储备物资的大型综合仓库，位于湖北省武汉市武昌区徐家棚街团结路特 5 号，成立于 1959 年 3 月 20 日，系原国家物资储备局中南分局 337 仓库，占地面积 9.55 万平方米，建筑面积 2.34 万平方米，露天货坊 5.4 万平方米。1960 年全部建成使用。该库服务于国防建设，应对突发事件对物资保障要求。系国家应急储备物资管理与湖北省政府工业物资储备仓库。库区原有铁路专线通关山火车站；库内有三股道可日时停车皮 26 节。站台长 340 米，配置有龙门吊车、大型库房。1986 年物资进出库量 59030 吨。

改革开放以来，该处贯彻"以储为主，多种经营"方针，努力实现由封闭型向开放型转变，由单一储备结构向多层次储备结构转变，由单纯管理型向管理服务经营型转变，由传统管理向现代化管理转变。充分发挥库房、货场、专用线、起重运输设备的作用，大力开展面向社会的物资"四代"（即代装、代卸、代保管、代运输）、物资经销、房产开发等业务，取得了较明显的经济效益和社会效益。

2011 年 8 月，湖北储备物资管理局三三七处、三三八处、五三八处和七三六处 4 个事业单位共同出资组建成立湖北国储物流股份有限公司，注册资金 1000 万元人民币，设有武汉、孝感、襄阳、宜昌 4 个分公司，和宜都、广水、谷城、枣阳、随州、当阳、赤壁 7 个物流部，其上级主管部门湖北储备物资管理局是中国仓储协会副会长单位及钢材仓储分会会长单位。

公司现拥有各类库房约 40 万平方米，其中立体库近 15 万平方米，平房库近 5 万平方米，各类地下洞库和覆土库近 20 万平方米；室外堆场约 60 万平方米。各分公司和物流部都拥有铁路专用线直达库区，全

湖北储备物资管理局三三七处的这栋建筑暂做民工房

（来源：武汉大学国家文化研究院特聘研究员周国献摄，武汉大学国家文化发展研究院授权使用）

长累计 16 公里；共有运输起重设备 221 台，一次吊装能力达 800 吨。公司经营范围包括物资的储存、装卸，设备设施和房屋租赁，普通货物运输，信息咨询服务以及国家专项许可的成品油物流、危化品仓储等。公司现有业务规模巨大，钢材年吞吐量 100 万吨以上；化肥、纯碱、煤炭等物资年吞吐量 50 万吨以上；家电、城市快销品等物资年吞吐量 20 万吨以上；社会成品油年吞吐量 40 万吨以上；烟叶、种子等物资年储备量 10 万吨以上。公司拥有的恒温湿型花岗岩石洞库，库房内温度常年保持在 13℃~15℃，湿度在 40%~80%，具有优良的防潮湿、防腐蚀、防霉变功能，适合农副产品、医药、酒类、化工、危爆品等商品的储存。该公司经营的各类仓库，是国家物资储备局在湖北设立的战略物资储备仓库，有着良好的市场信誉。公司通过 ISO 质量管理体系认证，

湖北储备物资管理局三三七处原址目前仅剩这栋建筑

（来源：武汉大学国家文化研究院特聘研究员周国献摄，武汉大学国家文化发展研究院授权使用）

内控制度完善，具有标准的物资出入库等操作流程。[①]

湖北国储物流股份有限公司现位于武汉市江夏区大桥新区星光大道20号大花岭仓库，它注重加强与社会各类企业的合作与共同发展。

在湖北储备物资管理局三三七早期发展阶段，涌现一批爱岗敬业、开拓创新的优秀员工，胡忠顺就是其中一位。1976年大学毕业，胡忠顺遂被分配至湖北储备物资管理局三三七处，在岗期间他先被分配至机务班，后转至保管组担任保管员。在经过师傅的培训和工作经验累积后，胡忠顺成为了三三七处保管组的工作骨干，承担多项重要任务，深

---

① 中国仓储协会编：《中国仓储行业发展报告2012》，北京：中国财富出版社，2012年，第248—249页。

得领导赏识。1982年，因天气原因，储备物资管理局三三七处库房突然漏雨，为抢救库房中存放的不防水国储物资，胡忠顺立马向上级汇报并提出了抢险方案，为物资抢救任务的成功作出极大贡献，成功保护了国有资产，保卫国家财产安全。

武汉滨湖机械厂

武汉滨湖机械厂位于中北路岳家嘴，成立于1966年2月，原属武汉市电子工业局领导，是地方国营军工企业。武汉滨湖机械厂主要产品是低空警戒雷达，此外生产多种工作车等军工产品。20世纪80年代初期和中期，研制了卫星直播电视接收机、超高速气动离心机、彩色电视差转机、数控流量计、流动图书车等民用产品。是国家定点研制、生产大型电子设备的高新技术企业。工厂毗邻东湖风景区，位于武汉市内环线上。

20世纪60年代初，为了加强反侵略的国防力量，国家决定发展自身的低空警戒雷达。1965年9月在北京召开雷达定点生产会议，确定784厂向武汉提供雷达的图纸、样机，并负责协作部分关键件。次年元月18日正式下达了试制计划，武汉成为当时国内地方电子工业最早承担雷达生产任务的地区之一。1966年元月成立领导小组，由武汉市无线电工业局领导，从武汉市无线电专用设备厂等单位抽调机床设备和人员，并把原为兴建733厂的厂址拨给武汉市无线电工业局，在此基础上成立了武汉滨湖机械厂。

1966年元月开始试制。参加试制的有无线电厂、电子仪器厂、襄河机械厂、专用设备厂、变压器厂、紧固件厂、元件厂、器材厂，以及后来的磁性材料厂等，滨湖机械厂负责总装、调试出厂。此外，还动员

武汉滨湖机械厂招待所

（来源：武汉大学国家文化研究院特聘研究员周国献摄，武汉大学国家文化发展研究院授权使用）

了跨地区、跨行业、跨部门的各种力量参加试制。1967 年一季度制成样机 3 台，1968 年定型投产。

20 世纪 60 年代后期，滨湖机械厂开始自行设计新型雷达。1979 年出样机，1982 年 2 月设计定型，1983 年投入生产。该产品 1983 年荣获国家和电子工业部科技成果奖。该厂生产的雷达成为当时我国出口的四种雷达产品之一。

滨湖机械厂成立之初，该厂占地面积 83614 平方米，其中生产建筑面积 10826 平方米；全厂职工总数 332 人，其中工程技术人员 25 人；拥有各种设备、仪器仪表 79 台，其中车床 19 台，锻压设备 7 台；固定资产总值 94 万元。经过二十年来的努力，滨湖机械厂发展成为一个有一定规模，有较强技术力量和生产能力的国营中型企业。全厂占地面积

开发中的武汉滨湖机械厂原址

（来源：武汉大学国家文化研究院特聘研究员周国献摄，武汉大学国家文化发展研究院授权使用）

89507 平方米，建筑面积 47582 平方米，其中生产建筑面积 26170 平方米；拥有职工 813 人，其中工程技术人员 174 人，有一名国家级专家；有各种设备、仪器 632 台，其中机床 103 台，锻压设备 13 台；固定资产 900 多万元。1986 年全年工业总产值 970 万元。

据《长江商报》2013 年 11 月 3 日报道，武汉滨湖机械厂已完成停产搬迁任务。下一步，将在环保部门的督促指导下，待相关污染物完成无害化处置后，交由中国地质大学（武汉）环境学院、武汉巨正环保科技有限公司进行土地地质环境评估及实行土地地质改造。该地块将作为中北路华中金融城"一轴一片"规划的一部分进行商业开发。①

① 资料来源：武汉市档案局。

四、工业老字号

　　老字号是指历史悠久，拥有世代传承的产品、技艺或服务，具有鲜明的中华民族传统文化背景和深厚的文化底蕴，取得社会广泛认同，形成良好信誉的品牌。工业老字号指消费者对某工业企业产品及产品系列有较深认知，企业通过产品、产品系列来使消费者对本企业产生认可，从而形成自身品牌。在武汉工业发展过程中，许多企业凭借自身特色及过硬实力打造出自己的品牌，如"裕大华""曹祥泰"等，在武昌居民生活中打下了深刻烙印，成为武昌的城市记忆和存在于人们记忆中、口述中和习惯中的文化遗产。

裕大华

　　"裕大华"是武汉纺织业的一个老字号品牌，其最初为清末创办的民族工业裕华纱厂。经历了一百多年的风雨历程，现在为武汉裕大华集团股份有限公司。一系列重要的时间节点与成长阶段串联起其百年来的风雨历程，如今的"裕大华"已在纺织行业内占有了不可撼动的地位，在武汉人的心中也有着十分重要的地位。

武汉裕大华集团股份有限公司内景

（来源：中国纺织工业协会：《裕大华：百年逐梦远见未来》，《中国纺织》2019 年
第 10 期）

"裕大华"自诞生之始，便肩负着武汉工业国有企业扛牌举旗的职
责以及实业救国的民族使命。清末，两湖总督张之洞为挽救封建政权免
于灭亡，提倡"实业救国"，在湖北武昌设立官办的拥有纱机九万锭及
布机七百台的纱、布、丝、麻四局，于 1892 年先后开工生产。1911 年
辛亥革命爆发，次年，在中华民国副总统黎元洪的帮助下，时任武昌总
商会会长的徐荣廷集资组成楚兴公司，由徐荣廷担任经理，继续承租四
局经营。楚兴公司承租"武昌四局"的十年中，受到帝国主义和封建势
力的打压，使楚兴公司损失巨大。在严酷的现实面前，徐荣廷认识到创
办工业基地的重要性。1919 年，楚兴公司布局管事张松樵在征得徐荣
廷等人同意后脱离楚兴，与汉口纱帮及德恒等商家合作，以 50 万资本
创办了武昌裕华纱厂。[①]1920 年，改组新建裕华纺织股份公司，标志着
裕大华开始创立起航，而后进行规模的扩张。于 1921 年在汉口设立大
兴纺织股份有限公司。1921 年和 1935 年，石家庄大兴纱厂与西安大华

——————————

① 中国人民政治协商会议河北省石家庄市委员会文史资料研究委员会编：《石家庄文史资
料 第 10 辑 大兴纱厂史稿》，1989 年，第 4—5 页。

纱厂先后成立。1937年，大兴和裕华又联合投资，成立大华纺织股份有限公司。①

抗日战争时期，国事维艰，民族资本工业企业在夹缝中生存。日本侵略者步步进犯中国腹地，尽管当时武昌裕华纱厂的生产销售正处于"黄金时期"，但仍积极响应当局保存纺织工业实力的号召，开始了西迁。1938年，武昌裕华纱厂迁至重庆，成立重庆裕华纱厂。1939年，在四川新建广元大纱厂。1942年，新建成都裕华纱厂。在抗日战争期间，裕华纱厂为西南地区提供了一定的物资供给。

新中国成立前，"裕大华"是在帝国主义、军阀、政客、官僚资本的重重压迫掠夺下逐步发展壮大的。其经营范围从纺织工业发展到包括煤矿、金融、进出口等工商业；交通、毛纺织、染料等其他方面也有不少投资。在纺织方面，有武昌的裕华、石家庄的大兴、西安和广元的大华、成都和重庆的裕华。煤矿方面，有湖北黄石市的利华。金融有永利银行及全国各地分支行处。进出口有华年公司及其分支机构。另外重点投资有山东枣庄中兴煤矿、四川川康毛纺织厂、重庆及上海庆华染料厂、四川民生轮船公司等。②

1948年，武昌裕华纱厂战后复工。1951年，武昌裕华纱厂、西安大华纱厂先后实施公私合营。1966年，武昌裕华纱厂改制为全民所有制企业，更名为武汉第四棉纺织厂。1994年，裕大华实施股份制改造。2001年，投资组建武汉博奇装饰布有限公司，进入汽车装饰布市场。同年，成立武汉裕大华进出口有限公司。2010年，裕大华集团从武昌搬迁至蔡甸。同年，成立裕泰华商贸有限公司，进入纺织原料市场。裕

---

① 全国政协文史资料委员会：《中华文史资料文库 第十二卷 工业》，北京：中国文史出版社，1996年，第572页。
② 袁善腊，唐惠虎，舒炼，杨玉莲：《武汉年鉴2010 总第26卷》，第196页。

大华集团一直致力于调整产品结构、提升产品档次，先后在国内率先开发 AB 纱、人棉布、大提花等系列新产品，同时开始了由生产商向供应商的转型。

2015 年，对于裕大华来说，则是新的历史转折点。按照武汉工业控股集团的战略决策，将包括裕大华集团、江南集团、一棉集团、冰川集团在内的四家国有纺织服装企业进行整合重组，成立武汉裕大华纺织服装集团有限公司，并确立了致力于成为国内一流的纺织服务商的发展愿景。2016 年，武汉裕大华服饰有限公司成立。2018 年，并购重组组建湖北裕大华华立染织有限公司。至此，百年裕大华初步完成了原料—纺纱—服装终端制品完整的产业链布局，开启了加速转型发展的新征程。

进入 21 世纪，裕大华积极进行产业升级、产品结构调整，立足寻找生产差别化生产思路。裕大华是全国同行业中首家将机织大提花织物引入汽车内装饰的企业；首家通过 ISO/TS16949：2002 版质量体系认证的企业，成为湖北省主要装饰面料生产基地，生产规模居省内企业之首、全国同类企业前 5 位。裕大华还制定了可复制推广的各类技术标准，提升了纺织产品附加值，增强了纺织产品的科技含量，为中国纺织制造向纺织智能制造转型增补了典型案例，对缓解经济压力、促进我国纺织行业的发展进步具有十分重要的意义。①2019 年 6 月，裕大华承担的《基于夜间无人值守的智能纺纱关键技术创新及应用》项目通过中纺联鉴定，被认定技术成熟，生产稳定，总体技术达到国际先进水平。面对当今时代人们对时尚个性的追求，以及科技的飞速发展，百岁的裕大华依旧保持年轻。为了迎合"互联网＋"的大趋势，裕大华还创立了时纷网，希望能将其打造成"独立设计师品牌的孵化器"。目前，纺织电

———————————
① 中国纺织工业协会：《裕大华：百年逐梦 远见未来》，《中国纺织》2019 年第 10 期。

子、纱线染整、服装服饰、时尚产业已经成为裕大华集团加速转型发展的新领域，这些领域充满挑战，也充满机遇。①

从 1919 年到 2021 年，历经百年风雨沧桑，裕大华在成功与曲折中不断探索。如今的裕大华从纤维到时尚，从完整产业链到智能制造，在转型发展的新征程中不断发展壮大。"裕大华"这一百年老字号正以坚守的传承和向上的力量在新时代焕发风采。

曹祥泰

"曹祥泰"是老字号及工业企业品牌中的一个代表，武汉著名的"中华老字号"之一，现在为武汉市曹祥泰食品有限责任公司，其前身为曹祥泰杂货店，主打产品是绿豆糕。

"曹祥泰"的创始人是曹南山，第一家门店为曹祥泰杂货店，于1884 年在武昌后长街新街口创立，最初经营干货、水果，始终以薄利多销作为自己的经营特点和优势，经过发展后，杂货店规模不断扩大，开始经销大米、五金等其他商品，逐渐成为了武汉最大的门市杂货店，并另开设了糕点铺。1910 年，曹南山嗣后又开设了米店、钱庄、槽坊，按福禄寿喜进行排列，"曹祥泰"旗下有了四家分号——"曹祥泰福记杂货店""曹祥泰禄记米店""曹祥泰寿记钱庄"及"曹祥泰禧记槽坊"。之后，在中华民族存亡危机下，曹祥泰逐渐从杂货联营商号转向实业报国，1915 年，"曹祥泰"在武昌都府创办祥泰肥皂厂，其生产的"祥泰

---

① 马晓雨：《缤纷织百年——记武汉唯一国有纺织企业"裕大华"》，《国企管理》2020年第 13 期。

"曹祥泰时尚茶餐厅"门店

警钟肥皂"是中国肥皂的第一代产品，1917年，"曹祥泰"西号开业，后为祥泰新百货号，进军百货业。1921—1928年，先后进军服装业等产业，并创立了"爱国""精忠"等体现爱国主义精神的品牌。[1]1932年曹祥泰杂货店设立了糕饼作坊，成为前店后厂式商店。

由于业主善于经营，为洋行经销，直接从洋行进货，品种齐全，货色新鲜，周转期快，价格较廉，信誉逐渐传开，不仅市区居民喜欢到曹祥泰买东西，而且武昌附近的山坡、土地堂、流芳岭、五里界和鄂城、葛店的农民也都喜欢到曹祥泰来买节礼、打年货。故有"曹祥泰，不愁卖"之说。

曹祥泰从开创时起，前后经其祖孙三代60余年的经营，几经周折，几度兴衰，在武汉解放前夕，也只能勉强支撑，直到解放后才获得新生。新中国成立后，1956年公私合营，生产厂房扩大，设备更新，

---

[1] 王琼辉:《大武汉故事丛书: 武汉老字号故事》，武汉: 长江出版社，2015年，第33—37页。

工艺改进，产量提高，产品增加。生产有中西式糕点、糖果类产品，月循环品种 100 余个，保持了自产自销，做鲜卖鲜，品种多样，质量稳定的特色。不久改为国营。"文化大革命"时期，曹祥泰改为"险峰大楼"，1979 年更名为"武汉市工农兵副食品商店"。改革开放以后，这个百年老店重获生机，1982 年恢复"曹祥泰"字号，定名为"武汉市曹祥泰副食品商场"，恢复了许多传统的经营项目，特别是曹祥泰的糕点食品重上柜台，赢得了武汉新老主顾的青睐。1993 年，曹祥泰原地重建，面积由原来的 3000 平方米扩大至 6000 平方米，店内装饰更加现代化。

至今，每逢端午节、中秋节等传统节日，该店的生意都十分红火，顾客蜂拥而至，经常出现百米长队或通宵排队或限售的情形，老百姓以能买到曹祥泰生产的节令产品而感到高兴。但由于市场竞争激烈，这个历经百年发展，前店后厂特色明显的老字号已是步履维艰，全盛时期的曹祥泰利润高达 112 万元，但如今利润不足其十分之一。

"曹祥泰"现在已经成为武昌区的文化符号，其近代时期的旧址和原有的生产工具都可作为工业遗产的实物保护起来，它们在发展过程中保存下来的企业资料也可作为文字资料供工业遗产保护研究使用，以此来开发其经济文化价值。

祥泰肥皂厂

祥泰肥皂厂为"曹祥泰"的第二代传人中曹琴萱（1891—1940 年）于 1915 在武汉创办。历经抗日战争、解放战争的困境，一直到新中国成立后历经企业体制改革，成为武汉酒精厂，走过近六十年的风雨历

警钟肥皂包装盒
（来源：武汉博物馆馆藏）

程。其实业救国的初心，为民族工商业的发展作出贡献，其努力坚守的精神也值得后人铭记。

曹琴萱早年就读于武昌第二中学堂，系统学习了现代科学知识，广泛接触了现代民主思潮，是不同于其父辈的知识青年。毕业以后，抱有"振兴实业，挽回利权"的志向。最初进入曹祥泰，干着与父兄一样的老本行——经营杂货。① 原来在曹祥泰杂货店的旁边就是有名的湖北省模范大工厂，该厂生产各种日用工业品，肥皂是其主要产品之一，该厂与曹祥泰杂货店有长期的业务往来，由于曹琴萱时常去模范大工厂联系相关业务，有机会在生产车间观摩生产的过程，并与该厂的工人、技术人员比较熟悉。湖北模范大工厂是张之洞留下的官办企业，入民国后，该厂内部积弊丛生，产品质量低劣，肥皂大量积压，因而常常委托曹祥

---

① 周德钧：《武汉老字号》，武汉：武汉出版社，2013年，第77页。

泰杂货店帮忙推销，议定比别家的回扣要大些。当曹祥泰将该厂积压的三四千箱肥皂销售完，厂方却不遵守协议，仍然照一般的回扣付给曹祥泰。曹琴萱一方面出于对厂家玩弄商家的愤慨，更多出于自己久已有之的实业报国意识，决定自己办厂生产肥皂。他的想法得到长兄曹云阶的支持，遂于1915年在武昌都府堤创办祥泰肥皂厂。

祥泰肥皂厂在最初创立时，只有一口小锅，六个工人，每日所产不过20箱肥皂油，以后逐步扩大。创办之时，正值日本提出灭亡中国的"二十一条"，曹琴萱即以"警钟"作商标，图案是一口警钟，两旁配以"唤醒国民"四个大字。"警钟"肥皂行销广东及华中各省，是中国肥皂的第一代产品。除"警钟"肥皂外，还有"爱国""爱华""精忠""醒鼓""和平""统一"等等多个品牌，均以爱国主义为主题，其广告宣传辞也以"提倡国货，换回利权"为核心。两年以后（1917年），曹琴萱又在汉口龙王庙开办曹祥泰西号（后改为祥泰新百货号），既是曹祥泰杂货店的分号，同时作为祥泰肥皂厂总管理处的发行所。

1931年武汉大水，肥皂厂被淹，曹琴萱在龙王庙码头附近建造起五层楼的曹祥泰警钟肥皂大楼，它很快就成为了肥皂厂对外的窗口，经过这次扩建，祥泰肥皂厂的生产能力上了一个新台阶，年产香皂、药皂12万箱，其产品在武汉市场的占有率高达70%，同时还行销省内外、华中、华南、华北各地，甚至远销到南洋各地。祥泰肥皂厂极盛一时，工厂的总资产达70余万元。[1]"九一八"事变后，曹琴萱特意在祥泰警钟肥皂大楼层顶上制作警钟及"勿忘九一八，勿忘国耻"的大字霓虹灯，在武汉三镇产生了重大影响。与此同时，曹琴萱还派人向武汉市民大量免费散发《日本田中义一侵略满蒙之计划》，揭露日本的扩张野心，希

---

[1] 王琼辉：《大武汉故事丛书：武汉老字号故事》，武汉：长江出版社，2015年，第33—36页。

望唤醒市民的民族意识。

曹实生是曹琴萱的儿子，为了继承父业，读书的时候特别专心钻研理化数学，"九一八"事变后至"七七"事变前，他从事工业，在祥泰肥皂厂协助其父工作。在武汉沦陷期间，祥泰肥皂厂为日商"日华油厂"所占用。原存于武汉各英美银行的原料，太平洋战争后，亦被掠空。抗战胜利后，国民党又进行敲诈勒索，以致祥泰肥皂厂延迟到1947年才复业生产，靠借款维持开支，祥泰肥皂厂处境十分困难。1949年武汉解放前夕，在当时的条件下，祥泰肥皂厂的活动资金比香港的财产少，而且靠香港的房租租金维持全家生活，尚有余裕。曹家在武汉是土生土长的工商人家，他亲自到港，将香港的房产全部出售作为祥泰肥皂厂发展生产的资金。

1956年工商业社会主义改造高潮，全行业公私合营。武汉市工业局经政府批准，下令将祥泰肥皂厂和天伦肥皂厂合并，改为祥泰酿酒厂。1958年适应武汉市及省内对酒精的需要，生产酒精，改为祥泰酒精厂，即现在的武汉酒精厂。[①]

马应龙药业

马应龙药业位于武昌南湖周家湾100号（现被划为洪山区辖区内），是一家具有400多年历史的中华老字号企业。明朝万历九年（1581年）创建于河北定州（后总店迁往北京），以制造眼药闻名于世。后在武昌

[①] 中国人民政治协商会议河南省民权县委员会文史资料研究委员会：《武昌区文史资料 第1辑》，郑州：河南人民出版社，1986年，第26—28页。

马应龙药业
（来源：马应龙药业集团官网）

设立斗级营分店，开发出一系列产品，生产和经营迅速发展，逐步发展壮大，成为中国最早向国外出口商品的四大企业之一，如今在医药行业内占据一席之地，具有很大的规模与影响力。①

　　马应龙药业的前身是以制造眼药闻名于世的马应龙生记药店。1582年，马应龙于河北定县（今河北定州市）开办了小型眼药铺——马应龙生记药店，创制了"八宝眼药"，其后，总店迁至北京。清乾隆年间，马金堂的后人马应龙将"八宝眼药"定名为"马应龙定州眼药"。道光年间，马应龙的后裔马万兴打破地域局限，进入北京市场开设眼药店，数年后生意兴隆，于是开始开设分店。20 世纪初，南方眼药市场需求量大增，北京地区经营已经无法满足市场需求。1919 年，企业南迁武

---

① 熊艳著：《市场向导、销售质量驱动的顾客价值实证研究——以制造业为例》，武汉：中国地质大学出版社，2012 年。

昌，将武汉作为马应龙眼药经营的中心。其后人将产品中的"定州"两字去掉，使"马应龙眼药"成为马应龙生记药店的招牌产品。

新中国成立后，马应龙生记药店得到长足发展。1956年公私合营成立马应龙药厂，1966年更名为武汉第三制药厂。进入20世纪80年代，其推出的"马应龙痔疮膏"名扬海内外。之后，又开发出其他系列产品，生产和经营迅速发展。1993年，武汉第三制药厂改制为武汉马应龙药业股份有限公司。1995年我国最早上市公司之一的中国宝安接收了原武汉国资持有的马应龙药业55%的股份，正式入驻了这家有着400多年历史的中华老字号企业。至此，该公司被中国宝安集团股份有限公司收购控股。1998年更名成为"武汉马应龙药业集团股份有限公司"。2008年，公司名称"武汉马应龙药业集团股份有限公司"变更成为今天的"马应龙药业集团股份有限公司"。①

从单纯制造眼膏到生产痔疮膏，直至今天涉足药品制造、药品研发、药品批发零售、连锁医院等多个领域，马应龙药业得到了较大的发展。目前，公司下属子公司17个。1996年，被武汉市东湖新技术开发区管理委员会认定为高新技术企业和被国内贸易部授予"中华老字号"企业称号。1999年，又被湖北省科学技术委员会认定为高新技术企业。2005年，该公司实现销售额5亿多元，上缴税收6200余万元。2006年，公司开展延伸抗痔品牌战略，设立武汉马应龙医院投资有限公司，计划用8~10年时间在全国设立5~8个连锁经营的肛肠专科医院。该集团董事长陈平被中国医药企业管理协会评为"2006年中国医药行业十大创新人物"。2007年6月22日，武汉马应龙药业集团入围由世界品牌实验室编制的《2007年中国500最具价值品牌》排行榜。7月10日，

① 《荆楚迈向21世纪 湖北省改革纵横》，武汉：企业管理杂志社，1997年。

中国品牌研究院发布《第二届中华老字号品牌价值百强榜》，"马应龙"以10.91亿元的品牌价值入围该榜的第十八名。[①]

　　如今，"马应龙药业"已与北京大学药学院、中国药科大学等多家科研院所建立了长期的战略合作关系，还经人事部核准与北京大学共同组建了博士后工作站，打造了强大的科研队伍。依靠科技创新能力，该公司药品研发的技术实力和整合能力稳步提高。从单纯治痔类药品主打，扩展到肝炎肿瘤、心血管等近300种"国药准字号"药品，产品远销东南亚及欧美。现在的武汉马应龙药业股份有限公司正以全新的姿态，创造新的辉煌。

---

① 武汉地方志办公室编：《武汉市志简明读本》，武汉：武汉出版社，2010年。

五、交通设施

　　交通设施指的是交通运输中，运输设备（包括车辆、船舶、飞机等）、机械设备、场地、线路、通信设备、信号标志及相关空间（包括车站、仓库、候车场地、售票场地）等。武昌自古为九省通衢之地，水陆交通极为便利，是历代客货贸易、军需漕运的重要枢纽之一。武昌的现代交通业起源于20世纪初，武昌作为粤汉铁路的起点，1917年就有了铁路运输业，1923年，公路运输开始发展，1924年拥有公路客运业务。除了陆路交通外，武昌还是武汉航空运输业的发源地。1911年，武昌修建飞艇库，1936年建设机场，但整体发展较慢。

　　武昌发达的水路运输促进了港口码头的建设，历史上，长江武昌段的老旧码头作为货物客运中心，曾经为武昌经济社会发展作出重要贡献，航线码头的建设和运作也成为了一代代武昌人的记忆。在开埠之前，武昌就有土码头，开埠之后，武昌渐渐有了洋码头。1935年，汉口上海路与武昌营房口江边设汽车渡江码头，开三镇汽车轮渡码头之先。自清末至抗日战争前，武昌码头主要是工厂企业及轮渡专用码头。1947年，武昌地区望山门至徐家棚共有68个码头。

　　新中国成立后，武昌交通运输业飞速发展，形成了以铁路、水路为主，公路航空等多种形式相结合并具有相当规模的交通运输网络。在此历史背景下，武昌近现代海陆空交通设施众多，相关工业遗存也十分丰富，目前很多设施仍在使用之中并得到了妥善的修缮保护，部分设施因城市发展被拆除。

平湖门码头

平湖门码头位于武昌区黄鹤楼街辖区内，是公用的黄沙码头，主要用途为装卸矿建材料。平湖门码头自民国时期开始承担码头装卸工作，武昌起义的领导者之一熊秉坤就曾在此工作。大革命时期，武汉市码头总工会武昌分会于平湖门一带成立，有正式工人1216人。1946年，平湖门又设立了武昌码头业职业工会分会，对码头事业进行规范管理。1948年，武昌市码头业务管理所成立，平湖门码头归其管辖。同年，平湖门码头工人与文昌门码头工人之间发生了轰动一时的械斗事件，造成了极大影响。1950年4月，武昌区成立市区码头工作委员会，将装卸搬运纳入正常管理轨道。1956年7月16日，毛主席来汉畅游长江自平湖门码头入水。新中国成立后，平湖门码头在很长一段时间内依然承担着货运工作，但是随着长江航运量的增大、船舶吨位的提高及陆路交通的发展，平湖门码头的水运地位受到威胁，渐趋衰落。加上后来武汉长江大桥的修建以及平湖门水源保护区工程的实施，使得平湖门码头彻底成为维修、停泊的小码头。

除平湖门码头外，武昌还有汉阳门、金沙洲、白沙洲、保安门、徐家棚、余家头、武胜门等多个码头，大部分码头因"黄金水道"的衰败及陆路交通运输的变化而渐渐衰落。其中命运稍好的汉阳门码头作为轮渡码头沿用至今，并配以观景平台等设施。2019年，因武汉轮渡公司的整合，汉阳门码头被改名为"中华路 3 号码头"。结合汉阳门码头及平湖门码头的遭遇，可以看出武昌码头船坞的转型尚在起步中。武昌作为临江城区，码头船坞的发展是其城市记忆的重要部分，老一辈武昌居民对承载着他们美好记忆的老码头也有着特殊的情结，老码头船坞的转型成功与否影响着武昌后辈对武昌历史的认知，老码头名称的改变虽为航线管理提供了便利，但也在一定程度上抹去了老码头的城市印记，丧失了很多历史信息，不利于老建筑的传承保护。

武汉长江大桥

武汉长江大桥是武昌交通设施工业遗产的代表，也是武昌交通设施工业遗迹的保护范例，它对武昌及中国桥梁建设都有着重要意义，是武昌乃至全中国的国民记忆。武汉长江大桥横跨武昌蛇山和汉阳龟山，是新中国成立后在长江修建的第一座复线铁路、公路两用桥，也是长江上的第一座大桥，被誉为"万里长江第一桥"，于 1957 年 10 月建成通车，1956 年毛主席写下"一桥飞架南北，天堑变通途"诗句，成为武汉长江大桥的真实写照。

早在 1906 年，建造武汉长江大桥的设想就由张之洞提出，1913 年便在粤汉铁路总办詹天佑的支持下，由德国人乔治·米勒及其教授的北京大学学生对长江大桥桥址展开了初步勘测和设计工作，当年大桥选址便是在汉阳龟山和武昌蛇山之间的江面最狭窄的位置，该次为武汉长江大桥的首次实际规划。1919 年，孙中山在《建国方略》第二部分的实业计划中具体提出了建设武汉长江大桥的设想。1923 年《汉口市政建筑计划书》中明确提出在汉阳龟山和武昌蛇山之间架设武汉长江大桥。

1929 年、1935 年和 1946 年国民政府三次提出建造武汉跨江大桥的计划，但上述规划均因时局动荡及国力贫弱而未能实现。①

　　新中国成立后，李文骥联合茅以升等人向中央人民政府上报《筹建武汉纪念桥建议书》，党和政府对其建设武汉长江大桥的建议极为重视。1949 年末便电邀李文骥、茅以升等桥梁专家赴京共商建桥之事。1950 年春，中央人民政府作出了修建武汉长江大桥的决定。同年 3 月，中央铁道部派出以茅以升为专家组组长的地质勘探队在武昌和汉阳地区对武汉长江大桥进行测量勘探和设计工作。1953 年 5 月，武汉大桥工程局正式成立。同年 11 月 27 日，武汉长江大桥的重要组成部分——汉水铁路桥进行动工修建。1954 年 1 月 21 日，在周恩来主持召开的政务院 203 次会议上，讨论通过了《关于修建武汉长江大桥的决议》。同年聘请苏联专家来华帮助建设武汉长江大桥。1954 年 9 月，武汉大桥工程局向全国征求大桥美术设计方案，经过对比后决定采用大桥工程局设计事务所唐寰澄设计的协调简易方案。1955 年 9 月 1 日，武汉长江大桥正式开工建设。1956 年 6 月，毛主席观正在建设中的长江大桥有感，在武汉写下了《水调歌头·游泳》。1957 年 9 月，毛主席第三次来到大桥工地视察。9 月 25 日，武汉长江大桥全部完工。同年 10 月 15 日，武汉长江大桥正式交付使用，进行了落成通车典礼，全武汉城 5 万多人参加，是当年的一大盛况。②

　　武汉长江大桥分为两层，上层为公路，面宽 18 米，为 4 车道；下层为铁路，全长 1670 米，大桥长 1156 米，有两座桥台，八墩九孔，每孔跨度为 128 米。桥墩施工采用了"管柱钻孔法"，开创了中国建桥史

① 许颖，马志亮：《武昌老建筑》，武汉：武汉出版社，2019 年，第 103 页。
② 许颖，马志亮：《武昌老建筑》，武汉：武汉出版社，2019 年，第 103—107 页。

武汉长江大桥纪念碑

上的新工艺。大桥的桥头堡、过道及大厅均作了艺术处理且周边设有观景台及纪念碑，桥面两侧各设一对仿古双檐小角亭，使整座大桥富有美感。大桥的美术设计以大桥本身结构为主，引桥、桥头堡的建筑结构与大桥自身结构协调一致，同时还兼顾了施工技术上的可行性和经济上的合理性，体现了中华民族朴素端庄的性格。①

　　除却长江大桥本身之外，与武汉长江大桥一并落成的有武汉长江大桥纪念碑和观景平台以及"管柱钻孔法"试验场。观景平台位于两岸桥头处武昌岸边，平台利用蛇山的地形，在铁路面上建造，是游人看江观桥的最佳位置之一。观景平台上通公路桥面，下连桥头花园。观景平台中有武汉长江大桥纪念碑，纪念碑高6米，重20余吨，在南面镌刻有毛泽东同志"一桥飞架南北，天堑变通途"的诗句，另一面则刻有武汉长江大桥的建设构想、筹划直至建造完成的简史及其建成的意义。正如

① 许颖，马志亮：《武昌老建筑》，武汉：武汉出版社，2019年，第106页。

碑上所说，武汉长江大桥的建设象征着中国共产党在建设事业中的英明领导，象征着中国人民在中国共产党领导下建设社会主义的雄健步伐和无比的力量，象征着中苏两国人民的团结和友谊，象征着劳动的光辉，幸福与和平。[①]

"管柱钻孔法"试验场位于汉阳莲花湖畔，在武汉长江大桥建设期间为试验"管柱钻孔法"可行性而建成。"管柱钻孔法"提出之前，采用的方案为气压沉箱法。但由于长江大桥其中一桥墩岩体含有有毒气体，长江水文情况复杂及建设工期影响，使得该方案被搁置。后来来援的苏联专家提出"管柱钻孔法"，这一方法由于是创新技术，故急需试验后验证可行性才能投入使用。中苏两国桥梁工程技术人员共同在"管柱钻孔法"试验场对此进行研究试验，最终补充完善了该桥墩基础施工方法。

武汉长江大桥的修建极大地促进了武汉的发展，因其连接了京汉铁路和粤汉铁路，形成了完整的京广铁路，对中国南北经济的交流与发展起到了重要作用。武汉长江大桥是武汉市最著名的城市标志之一。2008年，武汉长江大桥成为湖北省重点文物保护单位。2013年5月3日，武汉长江大桥入选中国全国重点保护文物。2016年9月，武汉长江大桥入选"首批中国20世纪建筑遗产名录"。2017年，武汉长江大桥入选"武汉市第二批工业遗产名录"，确定为一级工业遗产。2018年1月27日，武汉长江大桥入选第一批中国工业遗产保护名录。

武汉长江大桥作为新中国工业发展的里程碑式建筑，得到了国家及地方的重视，自大桥建成以来，国家各部门为其发行纪念性邮票和纪念章，大桥图案还登上了第三套人民币。除纪念品外，武汉针对武汉长江

---

① 陈元玉著：《民族艺术的奇葩——武汉长江大桥建筑艺术与护栏图案诠释》，武汉：武汉大学出版社，2017年，第144—146页。

武汉长江大桥

大桥打造了"灯光秀""桥头樱花节"等富有文化意义的活动，使长江大桥在新世纪中依然散发着独特的魅力。

自1957年通车以来，武汉长江大桥已走过64载。而有一个人自长江大桥萌芽诞生之际便与之命运相连，有着割舍不断的情缘。他就是大桥局第一任局长彭敏同志。彭敏，原名周镇宇，江苏徐州人。彭敏年轻时参加过一二·九学生运动、百团大战，在解放战争中他领导了党的第一支铁路队伍，在抗美援朝战争中为抗美援朝战争铸造了一条"钢铁运输线"，为新中国建设作出了突出贡献。后来因在朝鲜负伤，彭敏回国。1953年，中央筹备修建武汉长江大桥，彭敏领命组建武汉长江大桥工程局，并被任命为局长和党委书记，从此他与武汉长江大桥结下了不解之缘。

1953年，彭敏开始负责大桥工程局的系列工作：修建配套工程汉水桥；组织施工队伍；完成大桥设计方案等。同年7月，武汉长江大桥设计方案完成，铁道部安排彭敏等人携设计方案前往苏联进行审定。9月，彭敏针对苏联方给出的修正意见提出了具体解决措施并向上级提交大桥工作报告。1954年，武汉长江大桥正式开始修建。在建设武汉长江大桥的过程中，彭敏与苏联专家密切配合，不断讨论，充分发挥和调动了中国桥梁专业技术人员的积极性，用短短两年零一个月的时间建成了万里长江第一桥——武汉长江大桥。

建设过程中，最具创新性的事件之一为弃用气压沉箱法，改用大型管柱钻孔法。在最初的设计方案中，修筑桥墩基础准备采用气压沉箱法，但由于长江水文情况复杂，对工人生命安全和施工工期的考虑和施工费用等多种因素的影响，水中桥墩的技术设计工作一时陷入停顿。1954年7月，苏联专家组到来。其中的组长康斯坦丁·谢尔盖耶维奇·西林针对此情况提出了一种全新方案，即大型管柱钻孔法。西林提出该想法后，得到了彭敏的强力支持。彭敏为了说服同事，与大家一起对该两种方法进行多次比较，并和苏联工程技术人员制订了初步的试验计划，在年底，他们根据初步试验结果设计出一个新的结构方案。将方案上报后，最终得到了政务院的批准。因采用大型管柱钻孔法，武汉长江大桥提前建成通车，并以勇于开拓创新的面貌展现在世人面前。

彭敏逝世后，彭敏的子女决定把父亲的骨灰撒在彭敏一生中最骄傲和自豪的作品——长江大桥下的江水里，与武汉长江大桥永伴。

在档案资料方面，武汉长江大桥由于为新中国代表性工业建筑之一，档案众多。国家级档案馆（局）、湖北省档案馆、武汉市档案馆均藏有相关资料，市区志、工业史籍等也不乏它的记载。除此之外，关于武汉长江大桥的著作层出不穷，其中较有代表性的有《武汉长江大桥》《武汉长江大桥故事》等。

南湖机场及南湖机场指挥中心

南湖机场及其指挥中心是武昌航空运输的代表性工业遗存。南湖机场及其指挥中心均始建于 1936 年，由湖北省建设厅承建。南湖机场指挥中心是一座坐西朝东的三层建筑，第一层被用作候机厅，第二层半圆形外墙上有隶书"武汉"二字，为张学良所写。据传本有"机场"二字，但张学良对其不满意，于是仅保留了"武汉"二字。南湖机场占地4000 余亩，由当时国民党政府航空委员会空军总站管理，并作为军事机场的指挥中心。

抗日战争时期，武汉沦陷前，南湖机场被国民航空委员会空军总站管理使用。武汉沦陷后，日军将南湖机场用作军用飞机起降。抗战胜利后，南湖机场被国民党空军第四军接管。1948 年 3 月，徐家棚机场因安全问题暂时关闭。徐家棚机场关闭期间，南湖机场暂作民用，同时国民党政府对南湖机场进行勘测，将机场东西向跑道废弃，仅修复南北向跑道。武汉解放前夕，南湖机场被国民党军队破坏。[①]1953 年至 1985年，中国民航对南湖机场进行了多次扩建，成为一个粗具规模的中型现代化机场，是湖北省最大的民用航空港及国内航空干线枢纽之一。但由于南湖机场跑道较短，机场起降飞机大多为中小型飞机。1994 年，南湖机场搬迁。1995 年由于武汉天河机场的启用而正式关闭。同年，武汉宝安房地产开发有限公司整体收购南湖飞机场 4000 亩土地进行房地产开发，并定名为南湖花园城，原址皆被拆除，仅保留了指挥中心，现作为居民休闲会所使用。原南北向跑道成为今恒安路，东西向跑道成为

---

① 武汉市武昌区地方志编纂委员会：《武昌区志（上）》，武汉：武汉出版社，2008 年，第 314 页。

原南湖机场指挥中心

今瑞安街。2011 年 3 月 21 日，南湖飞机场指挥中心旧址被公布成为市级文物保护单位和文化遗产。这样的一幢三层黄色建筑，中间呈现圆弧形，两边为四方形，每层顶部饰以白色窗格纹路。中间第二层以巨大落地窗装饰，中间最顶层呈现六边形，建筑整体富有特色，端庄典雅，现已被改造成为宝安社区委员会。

南湖机场作为武昌区首个机场，对武昌人民生活及经济产生巨大影响，但它在完成自己的历史使命后得到的结局却不尽如人意。因遗产本身价值及工业遗产保护意识的缺乏，为武昌工业遗产保护事业留下了一定遗憾。

徐家棚机场

1943 年日军侵占武昌后，在武昌修建了徐家棚机场，作军用机场使用。抗日战争胜利后，国民党空军第四军接收该机场，当时主要用于军用。1947 年，国民党政府交通部民用航空局成立后，经和军政部商议，军政部将徐家棚机场划拨为民航局所辖的民航机场，徐家棚机场转为军民共用，当时出入武汉的民航飞机均起降于该机场。1947 年，民航局决定修建该机场，修建工程计划包括机场跑道、交通路、涵道等。机场修建完毕后，承担中国、中央两航空公司的飞机起降。1948 年 3 月，因多天降雨，机场跑道松软，严重影响飞机起降安全，机场被暂时关闭，经修复后继续供民航飞机起降使用。同年 7 月 1 日，国民党政府民航局将"武汉空中交通管制站"设立于此。武汉解放后，徐家棚机场被中央军委民用航空局接管。因机场地势低洼及地面交通条件限制，徐家棚机场被转为储存转运航空油料基地使用。1953 年，因油库被迁至南湖机场，徐家棚机场被彻底废弃。①

徐家棚火车站

徐家棚火车站是原粤汉铁路最北端的火车站。1914 年 1 月开工修建，1917 年 2 月徐家棚火车站建成。火车站有到站、始发线 14 条，客运站房 1 座、旅客站台 2 座、铁皮风雨棚 1 座，货运仓库 1 座。1936 年 9 月 1 日，全长 1059.6 公里的粤汉铁路首次通车，徐家棚火车站正式投入使用。②1937 年，徐家棚火车站改称为武昌东站。

在最初的方案中，粤汉铁路武昌起点为鲇鱼套，但由于购地困难等原因，起始点改为徐家棚。徐家棚原先仅为小型聚居点，火车站选址在

---

① 武汉市武昌区地方志编纂委员会：《武昌区志（上）》，武汉：武汉出版社，2008 年，第 315 页。

② 张笃勤，侯红志，刘宝森编著：《武汉工业遗产》，武汉：武汉出版社，2017 年，第 137 页。

1938 年徐家棚火车站遭日军飞机轰炸的老照片

（来源：王炎生供图）

徐家棚后，徐家棚迅速发展起来。在 1957 年武汉长江大桥建成之前，徐家棚火车站一直充当京汉铁路与粤汉铁路的陆路交通联运处。徐家棚火车站的存在带动徐家棚片区快速发展，徐家棚成为了粤汉铁路局办公机关所在地和武昌城北最热闹的商贸区之一。

　　徐家棚火车站的相关照片数量稀少。根据武汉民间文史研究者王炎生先生提供的照片，我们可以从中窥得 1938 年武汉沦陷之前日军飞机轰炸时的徐家棚火车站样貌，火车站为一层西洋式平房建筑，面阔五开间，分别设计为三座半圆形拱门和两座带罗马柱方形大门。地处横堤二街尽头的徐家棚火车站老站房毁于日军轰炸，后建成一幢三层平顶混凝土票房、候车厅。

　　1950 年 8 月 1 日，徐家棚火车站更名为武昌站。后由于武昌城区的扩大，徐家棚逐渐成为武昌城区的西北角，故而又改称为武昌北站。① 武汉长江大桥于 1957 年建成通车后，京汉铁路和粤汉铁路接轨

---

① 彭小华主编，武汉市政协文史学习委员会等编：《品读武汉工业遗产》，武汉：武汉出版社，2013 年，第 49 页。

武昌北站（徐家棚火车站）跨线天桥及站房旧址

（来源：张笃勤，侯红志，刘宝森编著：《武汉工业遗产》，武汉：武汉出版社，2017年，第 138 页）

相连，京广线上的火车改行武昌南站（即现在的武昌站），武昌北站运输量逐渐减少。之后，武昌北站又被划分到武昌至九江的武九铁路北环线上，同时，1958 年 7 月 1 日，经过武昌北站的武昌大冶铁路线的开通，使武昌北站运输量在短暂下降后转而上升。20 世纪 50 年代末，武汉市在武九北环线上开通了市郊列车，许多市民经武昌北站乘坐火车通勤出游，徐家棚火车站也成为了武昌居民的城市记忆。

1994 年，长江二桥通车，武昌火车站取代了武昌北站，武昌北站的主要业务也从客运转变为货运，主要担负武汉地区小运转列车的车辆中转和编组，整车、零担货物中转及水陆联运业务。[1] 但由于旅客数量的急剧减少，徐家棚片区也减缓了发展速度。2000 年 10 月 21 日，随着全国铁路第三次大提速，武昌北站完全转变为货运站，不再承担客运业务。2009 年 12 月，武汉第三座大型火车站武汉站正式建成运营，位于武昌城区中心的徐家棚至沙湖站原有运输线路逐渐被新的铁路路网取

———————————

[1] 彭小华主编，武汉市政协文史学习委员会等编：《品读武汉工业遗产》，武汉：武汉出版社，2013 年，第 49 页。

代，其运力逐步减少。2011 年 10 月，武昌北站站房、候车室被拆除，铁路路基加宽为双向四车道的柏油马路，跨线天桥也因公路建设被拆除一半。[1]2018 年 5 月，从武昌南站附近小东门至青山楠姆庙的全长近 19 公里的武九北环线被全部拆除。现今，沿线正在被改建为城市中心绿道和城市综合管廊，逐渐成为武汉城市建设新风景。

粤汉码头（徐家棚火车轮渡码头）

1914 年，粤汉铁路在徐家棚片区开始修建。1936 年 6 月，粤汉铁路全线通车后运输量日益增长。1937 年 3 月 10 日，汉口江岸火车站与徐家棚火车站两座铁路轮渡码头竣工，隔江相望的京汉铁路和粤汉铁路通过火车轮渡连成一体，实现了中国南北交通大动脉的无缝连接。2019 年，粤汉铁路入选第二批中国工业遗产保护名录，其中就涉及作为粤汉铁路北面的终点——徐家棚火车站轮渡码头设施及轮渡。

徐家棚火车站轮渡码头坡长 740 米，由承载钢轨的钢轨桁架、石墩由高向低分三组排列，使钢轨桁架可随水位涨落而升降，便于火车上下岸由轮渡载运过江，当地人称其为"下河线"。[2]在徐家棚火车站轮渡码头运行初期，每天能接转六七对列车，每列火车牵引重量不过 600 吨，一年发送货物 10 余万吨，载运旅客约 7 万人。1938 年 8 月，武汉会战爆发，徐家棚火车站的客运室被日军炸毁，火车轮渡被迫停航。1946 年 7 月，车站客运室重建后，轮渡码头恢复通航。码头修复后，

① 张笃勤，侯红志，刘宝森编著：《武汉工业遗产》，武汉：武汉出版社，2017 年，第 138 页。
② 张笃勤，侯红志，刘宝森编著：《武汉工业遗产》，武汉：武汉出版社，2017 年，第 139 页。

随着经济的逐渐发展，码头运输量不断增加。第一个五年计划期间，处于发展最鼎盛时期的徐家棚码头拥有"北京号""上海号""汉口号""南昌号"四艘火车轮渡船，运输量一度达到900至1000多辆。1957年10月武汉长江大桥建成通车后运量锐减，轮渡码头被整体裁撤，火车渡船和工作人员被调至南京、芜湖等地，码头所属的"北京号""上海号"等渡船被调往芜湖。1958年10月29日停止运行，码头被铁路部门移交至武汉市轮渡公司。

徐家棚火车轮渡停运后，武汉铁路分局武汉轮渡段仍被保留。1966年，由于形势变化，码头成为了武汉铁路战备码头。1969年，徐家棚码头拥有"武汉号""武昌号"渡轮2艘，战甲1号驳船1艘，趸船2艘及附属设施，主要承担战时长江铁路运输任务和战备训练工作。[①]1996年，武汉铁路战备码头进行最后一次火车摆渡演练。2002年成为"武汉长江游览"专用码头。2018年，武九铁路北环线启动搬迁工作，码头被拆迁遗弃。

徐家棚火车轮渡码头被拆除后，仅在武昌滨江留下了一些遗存。在二桥下游1000米处，占地约800米的粤汉铁路货运码头的高架、行车吊、铁轨、石墩等设施都按照旧址被保留下来。江滩公园中，老旧的铁轨隐没在草丛之中；几辆闲置的火车头被改造成咖啡馆，整体造型古朴，富有艺术感。在长江二桥武昌下游处的江边，被泥土覆盖的铁轨因江水冲刷再度显露出来。大小不一的过江轮渡铁路基桩一直伸向长江，它们以水位涨落分成几组，确保长江不会过度影响粤汉铁路与京汉铁路的运行。2016年1月，武汉市政府批复《武汉市两江四岸旅游功能提升总体规划》，其中考虑到了对粤汉铁路等资源的开发，准备保留和提

---

① 张笃勤，侯红志，刘宝森编著：《武汉工业遗产》，武汉：武汉出版社，2017年，第140页。

徐家棚火车轮渡码头遗存
（来源：《楚天都市报》）

被保留的"武汉号"轮船

升原粤汉铁路过江遗址，打造粤汉铁路遗址公园。

位于徐家棚火车轮渡码头的"武汉号"现今仍被保留，"武汉号"长108米，宽10.08米，马力1300匹，拥有3台柴油发动机，铺有两条铁轨，可以一次性装载13节车厢，是20世纪60年代为数不多的通过柴油发电传动的轮船。1996年，"武汉号"参加了最后一次武汉战备码头火车摆渡演练。现今，"武汉号"船上铁轨已生锈，部分枕木也腐朽，仍默默停留在江边，亟待人们的保护。

武昌火车站

武昌火车站位于武昌中山路中段，为京广铁路与武昌大冶铁路交会处。1916年1月，武昌火车站前身——通湘门车站在武昌城外开始建设，6月建成。1906年4月1日，卢汉铁路全线通车，并被命名为京汉铁路。1912年8月，粤汉铁路中的湘鄂铁路段在武昌鲇鱼套开工。由于购地困难等原因，设计方案变化，粤汉铁路的起点站从鲇鱼套北移至徐家棚。但原通湘门工地被保留下来。1916年1月，通湘门车站开工建设，6月完工，位于现今武昌站南端道口附近，站级为二等，当年车站业务量少，仅有一条站线，一所小票房。1917年，通湘门站开始营业。1936年，因当时通湘门站距市中心较远，旅客乘车不便，于是迁至宾阳门处建设新站，改称宾阳门车站。1937年初举行开站仪式，最终定名为武昌总站，同时撤销通湘门车站。新车站站房建筑样式新颖，站前广场空间开阔，交通便捷，站场有7股道，站台3座。1950年8月，武昌总站改称武昌南站。1957年武汉长江大桥建成通车后，车站迁至现址，定名为武昌火车站并沿用至今。

武昌总站（武昌火车站前身）站台　　　　　　武昌火车站现状

　　武昌火车站位于京广线中段，是京广线、武九线和汉（口）丹（江）线的交会处，成为我国南北铁路大动脉的联接点，是一个以客运为主，客货运兼营的综合性特等车站。随着客流量的增加，旅客列车到发次数不断上升，武昌火车站于 1968 年进行扩建。新站房落成后，武昌火车站站场全长达到 9 公里，由客运站、货场、线路、调车作业区组成。客运站占地面积达到 23282 平方米，火车站主楼呈"山"字形，建筑面积为 8025 平方米，为我国铁路大型客运站之一。火车站站前广场面积为 3 万平方米，建有花坛，周边建有邮电局大楼、市场等建筑，十分繁华。①1968 年 9 月 16 日，武汉铁路分局报请郑州铁路局批准武昌火车站为一等车站。1981—1982 年，武昌站进行了第二次站场扩建，加铺了 9 道和 11 道两股到发线，扩建候车大厅、快车候车室等，客运能力大幅提升。1990 年 3 月，武昌火车站被铁道部定为特等站。1992 年 1 月，邓小平视察南方时在武昌火车站的站台上发表了"发展才是硬道理"

---

① 彭小华主编，武汉市政协文史学习委员会等编：《品读武汉工业遗产》，武汉：武汉出版社，2013 年，第 51 页。

的重要讲话。武昌火车站的存在使武昌地区的客流、物流运输量快速增加，大大促进了武昌地区的发展。

由于经济发展及客运量的提升，武昌火车站急需改造。2000年9月4日，由铁道部第四勘测设计院设计的武昌火车站改造工程可行性方案通过国家铁道部审查。[①]2004年4月18日，中国铁路第五次大提速中，武昌火车站首次开行最高时速160公里/小时的Z字头直达特快列车。2006年6月28日，武昌火车站改造工程启动，总投资达6亿多元。2007年12月19日，新武昌火车站被启用。车站主体建筑造型和"楚王宫"相似，车站颜色基调为银灰色，并在外墙上镶嵌有"编钟"，体现浓厚的荆楚文化特色。2008年9月，武昌火车站改造工程完工。改造后，武昌火车站建筑面积达到4.9万平方米，拥有多个候车厅，新站房设施齐备，高度自动化。[②]站房容量大大增加，并配备有多个停车位，有多条地铁公交线路经过，体现了当今世界最新的客运服务理念，现今为武汉三大特等站之一和中国重要的铁路枢纽之一。

武昌鲇鱼套货场

1912年6月，国民政府决定续修粤汉铁路，谭人凤为督办，詹天佑为会办。同年8月，决定粤汉铁路武昌至长沙段以武昌鲇鱼套为起点，正式动工，后因鲇鱼套购地困难而将粤汉铁路北端起点改在徐家棚。1949年后，鲇鱼套车站改为货场，主要办理普通货物整车到发和

① 武汉市武昌区地方志编纂委员会：《武昌区志（上）》，2008年，第310页。
② 彭小华主编，武汉市政协文史学习委员会等编：《品读武汉工业遗产》，武汉：武汉出版社，2013年，第52页。

鲇鱼套货场大门上仅剩"鲇鱼"二字

（来源：武汉大学国家文化研究院特聘研究员周国献摄，武汉大学国家文化发展研究院授权使用）

整车危险品（一级氧化剂爆炸品除外）的货物到发业务。鲇鱼套货场初建时期有 3 条半股道、1 座旅客站台。[1]1922 年，汉冶萍公司在本站修建卸煤专用线 1 条。1942 年，增建站线 1 条、货物仓库 1 座。1951—1987 年，鲇鱼套货场对货物仓库、货物站台等不断进行改建、扩建。至 1990 年，货场总面积 72643 平方米，有货物仓库 7 座，建筑面积7942 平方米；货物站台 4 座，建筑面积 24768 平方米；堆货量可达7462 吨，折合货位 186 个；货物装卸线 4 条，全长 4098 米，装卸有效长 1431 米；货场围墙 1050 米；通道及硬石化达 16992 平方米；大型装卸机械 13 台，最大起重能力为 20 吨。[2]

① 武汉市洪山区地方志编纂委员会：《洪山区志》，武汉：武汉出版社，2009 年，第 287 页。
② 武汉市武昌区地方志编纂委员会：《武昌区志（上）》，武汉：武汉出版社，2008 年，第 312 页。

2010 年 3 月 9 日，配合鹦鹉洲大桥建设，武汉市国土资源和规划局发布拆迁公告，"武汉市土地整理储备中心城市建设分中心经武汉市国土资源和规划局批准，已取得武土资规拆许字（2010）第 17 号拆迁许可证，需拆除下列范围内的房屋：武昌区鲇鱼套货场至巡司河路。拆迁期限从 2010 年 3 月 9 日起至 2011 年 3 月 4 日止。"

2010 年，总投资 45 亿元的巡司河综合整治工程正式动工，按照规划，从中山路至三环线的沿河边，将建成三大主题公园：武泰闸历史游园、巡司河风情公园和巡司河湿地公园。鲇鱼套货场应是巡司河综合整治工程的一部分。目前，鲇鱼套货场已拆为平地，正在开发建设中。

六、工人生活设施

　　工人生活设施指的是工厂为了更好地对工人进行管理而建设的居住区、医院等服务于工人生活的配套设施。在新中国建立前，武昌工业企业主要为私营企业，并未为工人配置生活服务设施，仅在工厂内设置办公区域等供管理人员办公，工人偶尔在相关区域休憩。新中国成立后，从有利生产、方便生活的角度出发，武昌工业区附近均配套建设生活居住区，从而与厂房等生产设施之间形成体系化的"生产＋生活"的综合单元。居住区内各种生活、商业、教育和文化等服务性公共设施配套齐全，可以保证全体居民在工业区内的工作和生活。[①] 生活居住区虽与工业无法产生直接联系，但它作为工人社会生活遗址，其真正价值在于它们被置于一个整体景观的框架中并与其他工业遗产产生联系，很多武昌居民都在工人生活设施中成长生活，可以说，这些区域是他们生活不可缺失的一部分，也是武昌工业记忆的一部分。在城市迅速发展的背景下，这些区域却不得不进行改变，现今部分工厂的生活区域已进行改造，但其改造后的结果有成有败，在改造过程中如何使老建筑现代化而又保留本身特色已经成为了一个亟待解决的问题。

---

① 刘剀著：《武汉三镇城市形态演变研究》，武汉：华中科技大学出版社，2017年，第115页。

武昌铁路医院

　　武昌铁路医院是武昌工业遗产生活服务设施的代表性遗存。武昌铁路医院位于武汉市武昌区杨园街，原先隶属武汉铁路分局，是一所全民所有制的综合性职工医院和湖北省首批国家二级甲等医院，改制整合后现为武汉市武昌医院。1918年粤汉铁路武昌至株洲段通车后，因湘鄂段无医院，而在1922年3月在徐家棚设立了诊病所，在抗日战争时期，该所是仅有数人的医院机构，不许普通员工就医。抗日战争胜利后，衡阳铁路局在杨园街筹建诊疗所。1948年8月，正式设立武昌铁路医院。1949年5月，武昌解放，医院人员和设备都被完整地保留下来。新中国成立后，医院经过多次扩建与合并，粗具规模。1986年院内实际开放床位250张，使用率高达100%，日均出院15.6人，日均门诊806人

杨园旧址上的老建筑

（来源：武汉市政协文史学习委员会、长江日报报业集团、华中师范大学历史文化学院等编著：《品读武汉风景园林》，2015年，第44页）

次，日均急诊 11 人次，并在小儿麻痹后遗症、骨科等领域拥有较好的医疗水平，拥有断肢移位再植，胫骨上端延长治疗下肢短缩整形等先进技术。该院为武汉铁路分局及当地居民提供了良好的医疗服务，使职工和附近居民的工作生活体验得到极大提升。1998 年，武昌铁路医院针对铁道部提出的减员增效、扭亏为盈的改革攻坚目标，认识到医疗卫生系统与铁道部分开已是发展趋势，遂以扩大医疗市场占有份额为基点，制定了开辟新经济增长点的发展战略。2004 年被铁道部整体移交至地方政府，完成由企业医院向市卫生局直管医疗机构的转变。

2009 年，武汉市铁路医院与武汉市颐和医院整合成为武汉市武昌医院并沿用至今。武昌铁路医院在改革浪潮及城市发展的背景下，积极筹备改革方案，努力进行技术创新，获得了新的经济增长点和立足点，服务对象从企业职工转向广大人民群众，并积极提高为人民服务的水平，赢得了广大群众的称赞，成为工人生活设施转型改造成功的范例。

武汉紫荆医院

武汉紫荆医院为原武昌车辆厂职工医院经规范改制后成立。1950 年，武昌铁路医院派遣人员至武昌车辆厂建立医务室。1952 年，医务室被改建为卫生所。1954 年，卫生所与武昌铁路医院脱钩。1965 年，武昌车辆厂在原卫生所的基础上成立职工医院，有病床 30 张。1960 年，武车将医院扩大，病床达到 60 张。1968 年，新建 2 栋 3 层楼的职工医院，总建筑面积达到 1725.8 平方米，病床达到了 100 张。1984 年，武车职工医院迁至武昌区和平大道 750 号并延续至今。医院新建成院区占地面积达到 14016 平方米，建筑面积为 8014 平方米，设有病床 160

张。1996 年，武车职工医院被武汉市卫生局授予"国家二级乙等医院"，有手外科和心脑血管专科两个重点专科。[1]2007 年，因武昌车辆厂等工厂被整合为中国南车集团，迫于形势，武昌车辆厂职工医院进行改制。

经过规范改制程序后，2007 年年初，原武车职工医院被改建为一所二级非营利性民营综合医院，隶属于广州紫荆医疗集团。紫荆医院建院以来，坚持临床、科研、教学三位一体的建院方针，前后累计投资6800 万元用于改善环境、引进设备、提升功能。编制床位、临床科室、医疗设备等被全面更新，逐渐成为现在以创伤骨科、显微外科为重点学科，集内科、妇科等专科基本齐备的三级综合性医院。并与武汉科技大学展开合作，成为武汉科技大学医学院临床教学医院。根据全国企业医院改制情况进行比较，武汉紫荆医院无疑是改制成功的范例之一。

武汉锅炉厂职工宿舍

武汉锅炉厂职工宿舍是工业企业居住设施的代表性遗存之一。武锅职工住宿区与武汉锅炉厂建设时间相当，该厂建立时的住宅居住模式、空间形态都带有明显的苏式特征，居住区规划充分体现了对工作和生活集体化的强调，体现出高度均质化特征。[2] 建筑类型为两层红砖红瓦式楼房，建筑样式具有 20 世纪 50 年代特色。整个职工住宿区采用成街成坊的大规模建设方式，有成片绿地和公共开放空间，周边区域配备有

---

① 武汉市武昌区地方志编纂委员会：《武昌区志（下）》，武汉：武汉出版社，2008 年，第 958 页。
② 刘剀著：《武汉三镇城市形态演变研究》，武汉：华中科技大学出版社，2017 年，第 118 页。

武汉锅炉厂居住区规划图   武汉锅炉厂社区现状
（来源：刘剀著：《武汉三镇城市形态
演变研究》，武汉：华中科技大学出版社，
2017年，第118页）

学校、商场、诊疗所等公共设施，整片区域具有明显的"工人新村"特点，并一直沿用至今，部分因城市规划而被拆除，周边成为商贸区和百瑞景生活区，住宅区内部存在人口严重老龄化，建筑老旧，内部逼仄等缺陷，急需改造。

武昌车辆厂职工宿舍

武昌车辆厂职工宿舍由武车一至四宿舍组成，如今被称为武车一村至四村。武昌车辆厂建成后，为了方便职工生产生活，武车在厂区周边建设多处职工宿舍形成居民区，最初建有武车一宿舍至五宿舍。武车一村至四村分别位于武车厂区的不同方位，现今仍存在。

武车一村位于武昌徐家棚片区以南，西临和平大道，南至武昌车辆厂小学，总面积达6.5万平方米，共有294间宿舍。最初被称为武车一宿舍。1967年改名为"七一村"，1972年武车五宿舍并入其中，名称

武昌车辆厂社区现状

变更为武车一村。武车二村位于武昌徐家棚片区以南,东临和平大道,西连铁道部武昌车辆厂,南处和平大道与武昌车辆厂之间,北至武昌机械厂外铁路线,面积为4000平方米,共有301间宿舍,最初被称为武车二宿舍,1967年改名为"国庆村",1972年名称改为武车二村。武车三村位于武昌区和平大道三角路之北,临近喻家湖居民区、和平大道、"冶电村"和车辆厂小学,面积为5.8万平方米,共有212户,原名称为武车三宿舍,1967年改名为"遵义村",1972年,"冶电村"并入其中,并改名为武车三村。武车四村位于武昌和平大道三角路之西,临近和平大道、洪山乡菜地、武车厂区、武黄铁路线,面积为7.1万平方米,共660平方米,被命名为武车四宿舍,1967年被改为"前锋里",1972年名称改为武车四村。①

武车社区建筑具有明显的"工人新村"特点,为红砖红瓦式楼房,

① 刘翔主编,政协武汉市武昌区委员会编:《武昌老地名》,武汉:武汉出版社,2007年,第262—263页。

建筑样式具有 20 世纪 50 年代特色。整个职工住宿区采用成街成坊的大规模建设方式，周边区域配备有学校、商场、诊疗所等公共设施，并一直沿用至今。在武车社区发展过程中，逐渐集齐了教育、医疗、餐饮、生活、娱乐等各大功能，极大地便利了居民生活。但由于社区存续已久，社区建筑普遍陈旧，社区居民老年化较为严重，环境较新建设的居民小区更显脏乱。除此之外，由于武昌车辆厂的搬迁，武车体育场等居民生活服务设施也逐渐荒废下来。

　　"工人新村"是中国从苏联引入的理念，它是解决大工业生产背景下工人住房问题的主要方式。它具体含义为从"一五"计划期间到住房商品化之前的 20 世纪 80 年代，为了改善国企工厂职工住房条件和为大量下放回城人员提供住房，政府和国企合作在城市工业集中区规划配套建设的大规模住宅，其为了缩减开发成本和建设周期，建设标准往往较低，且建筑密度大。[1] 除此之外，工人新村往往成片分布，并拥有较优美的社区环境。工人新村的布局以绝对公平的社会理念为基础，强调工人当家作主，充分体现了社会主义制度对城市空间的影响，带有明显的社会主义特色。[2] 除了武锅住宅区外，武昌区内的"工人新村"大多都存在着建筑老旧、人口老龄化的问题，且在进行相关改造和转型开发时，大多都是直接进行拆除，使得原本带有时代气息的整体景观成为了现代化高大建筑与苏式老旧建筑共存的完全割裂的城市空间。

---

[1]　吴晓、强欢欢等著：《基于社区视野的特殊群体空间研究：管窥当代中国城市的社会空间》，南京：东南大学出版社，2016 年，第 87 页。

[2]　刘凯著：《武汉三镇城市形态演变研究》，武汉：华中科技大学出版社，2017 年，第 119 页。

七、与工业企业相关的
文化教育机构

  与工业企业相关的文化教育机构是指隶属于工业企业，为了帮助工厂培养高素质人才或进行科研研究，从而提高工厂生产效率、创新能力而创办的文化教育机构，一般包括隶属工业企业的工人学校、职业学校和科研机构。武昌的工业文化教育产生较早，在张之洞时期产生并逐渐发展起来，当时的主要形式为官办教育机构和民间私营的学徒培训机构，其中具有代表性的为武昌府初等工业学堂。工业学堂等实业学堂与其他教育机构一起，构成了武昌的近代教育体系。1913年，国民政府通过颁布《实业学校令》和《实业学校规划》规定实业学校等级。抗战时期，武昌工人学校因战争摧残而凋敝。新中国成立后，工业文化教育机构进入了新的历史发展阶段。在意识形态的影响下，各大国企纷纷创办为工人及工厂服务的文化教育场所，极大地推动了武昌文化教育事业的发展。1968年，受"七二一指示"影响，武昌各大国企积极创办"七二一"工人大学。改革开放后，随着国企改革改制，"七二一"大学被整顿，工业企业文化教育机构大为减少，大多经过整合成为武昌的职业教育体系组成部分。

武昌府初等工业学堂

武昌府初等工业学堂于光绪三十二年（1906 年）六月由武昌知府黄以霖提请张之洞后在武昌昙华林创办。该学堂"主要讲授工业最浅近之知识技能，以培养初步具备近代工艺或传统工艺技能的技术工人或匠作人员"。随着师资需求的变化，光绪三十三年（1907 年），初等工业学堂被分为官立工业教员讲习所和官立中等工业学堂。官立工业教员讲习所设于武昌丁栈旧址，是为了培养工业学堂教员，但因受经费限制，先办染织科一班，于宣统元年（1909 年）八月开学，教职员有 23 人，其中有 6 人兼任教员。官立中等工业学堂由提学使黄绍箕请设于昙华林，依据《中等工业学堂章程》中的规定，其本科分为土木、金工、造船、电气、木工、矿业、染织、窑业、漆工、图稿绘画等 10 科。包括武昌府初等工业学堂在内的工业教育与其他初等教育、中高等教育、职业教育和师范教育构成了武汉较为完整的近代教育体系。[①]

武昌造船厂职工大学

武昌造船厂职工大学位于武昌紫阳路 114 号，前身为 1958 年由职工学校、技工学校合并成立的武昌造船厂造船学院。造船学院的主要教学任务为负担原两校任务及增开业余大学班。1962 年春，武昌造船厂造船学院被改为武昌造船厂职工学校，并于 1963 年与华中工学院合作

---

① 李和山、杨洪林：《武汉纺织大学百年发展史研究——兼论张之洞对武汉纺织教育的历史贡献》，《武汉纺织大学学报》2011 年第 1 期。

创办武昌造船厂业余大学，并被列为华中工学院夜校的教学点。1969年底，武昌造船厂职工学校与业余大学被撤销。1972 年 5 月成立了武昌造船厂"七二一"工人大学。1982 年教育部备案成立武昌造船厂职工大学，由中国船舶总公司主管。①

现今武昌境内不少与武昌造船厂职工大学类似的工业文化教育机构至今仍在开办，它们在经过合并、改名等变化后，仍为武昌职业教育事业发挥着作用。但还有大部分与工业企业相关的文化教育机构在历史发展过程中由于学校整合或经营不善而不复存在，相关记载也为数甚少。

与工业企业相关的文化教育机构大多已因历史变迁而消亡，其建筑也大多被拆除。与工业企业相关的文化教育机构由于价值偏低而不受重视，同为文化遗产的它们价值主要体现在精神层面上的教育用途及对工人工厂所作的贡献，因此对它们的转型改造应更多集中在其文化层面及纪念意义上。针对武昌整体工业企业教育机构的转型改造来说，选取价值最大的地方进行活化利用，是可行性较高的方法。

---

① 湖北省教育志编纂委员会办公室：《湖北地区高等学校简介》，武汉：湖北人民出版社，1993 年，第 294 页。

八、工业生产技艺

工业生产技艺和技术也被称为工程技术，是指在工业生产中实际应用的技术，即人们应用科学知识或利用技术发展的研究成果于工业生产过程，以达到改造自然的目的。在清末民国时期，武昌工业由于仍在起步阶段，相关生产技术落后于国外且仅能从事简易的加工制造工作，工业发展受到帝国主义的很大钳制。新中国成立后，以美国为首的资本主义国家对我国进行技术封锁，但是武昌工业企业在苏联的援助及工人们的努力下，在发展中不断学习研究，创新研发了许多技术，突破了新中国成立初期时国外对我国的技术封锁，创造了巨大的社会经济效益，为中国的工业生产技术进步及综合国力的提升作出了巨大贡献。

武汉重型机床厂生产技术

武汉重型机床厂为武昌的工业技术创新代表性企业。武汉重型机床厂是我国第一个五年计划期间由国家投资、苏联援建的 156 项重点工程之一，是中国制造重型机床和数控机床的骨干企业和国家一级企业，也是我国最早兴建、规模最大的重型机床专业制造厂之一。

在武重建设初期，武重工作人员便被送至外地进行新产品试制工作，为武重建成后的生产技术创新工作打下了良好的基础。1957年，采用了5项新技术和先进施工方法的武重第二机械加工装配厂房被国家建委选为施工新技术示范工程。1958年，武重建立技术革新工作的管理机构，1959年技术革新办公室正式成立，专门管理技术革新事务。1957—1958年期间，工段长马学礼实现"内孔梢胎""深孔套料刀"等66项重要革新，提高了产品质量和工作效率。随后在技术革新办公室和马学礼的带领下，全厂掀起了以工具改革为重点的群众性技术革新浪潮。1968年，钳工余维明研制出的砂轮和设计的整圆胎具磨出的工件，达到世界领先水平。70至80年代，余维明又攻克技术难关1002项，其中包括国防尖端领域的技术难关，如80年代具有国际先进技术水平的"金属去削法"以及余维明和陈世良共同革新的"镜面磨削法"。1975年，武重为国家第一洲际弹道导弹运载火箭跟踪系统加工机械部分的大型零部件，为弹道导弹运载火箭的发射成功作出贡献。1979年后，武重积极进行厂内改革，调整了服务方向和产品结构，对厂内进行科学管理，研制成功了一批具有国际先进水平的新产品。[①]1984年研制成功了中国第一台多功能数控重型双柱立式车床，标志着中国机床制造进入了新阶段。90年代后半期，武重经过运行机制和生产技术革新，承担五轴联动数控机床的重点攻关项目，机床总体技术逐渐达到同类机床国际先进水平。

从1981年起，为适应全新的社会需求，武汉重型机床厂坚持把产品开发放在首位，对标国际先进水平，全面进行了技术引进、技术改

① 湖北省地方志编纂委员会编纂：《湖北省志·工业志稿·机械》，武汉：武汉大学出版社，1990年，第202页。

造，加速新产品的开发。武重先后从联邦德国、日本、瑞士等国引进了高精密立车、激光干涉仪、大型内院磨床等关键设备和检测仪器，进行了 270 多项改造项目，并在此期间研制成功了多项产品，如 XK2120/5 数控龙门镗铣床、CK5240A 数控双柱立车等多项产品，大大提升了工厂生产技艺水平，同时还填补了国内技术空白，达到了国际先进水平。[①] 在"六五"计划期间，武重产品逐渐向数控型发展，工厂积极与国际公司进行合作，生产出了 DKE 系列立车等产品，并获得了国家、省市级奖励多项，武重在这一时期的科研成果及独特生产技艺也斩获多项荣誉。

现如今，武重已成为向国家重大工程、重点行业领域和国防建设提供重大技术装备的最具竞争力品牌，成为世界能提供多品种高档数控超重型机床产品的研发制造厂家之一。近几年武重承担研制完成了国家"863"计划项目 1 项、国家科技重大专项 9 项等重大项目，研发了一批首台首套具有自主知识产权的国产化高档数控机床产品，为提升我国装备制造业水平作出了重要贡献。

武汉锅炉厂生产技术

武汉锅炉厂是中国生产电站锅炉和特种锅炉的大型国有企业，是国家"一五"计划的重点建设项目之一，是新中国成立初期组建动力机械工业的重点项目，同时也是继上海锅炉厂、哈尔滨锅炉厂后我国自行设

---

① 董志凯、吴江著：《新中国工业的奠基石：156 项建设研究（1950—2000）》，广州：广东经济出版社，2004 年，第 611 页。

计建成的第三个大型锅炉厂，是国内电站锅炉的大型骨干企业之一。

从 1958 年开始，武汉锅炉厂便开始学习并参考苏联 TC35/39y 型锅炉和上海锅炉厂的相关资料。20 世纪 60 年代，在帝国主义对中国进行核封锁的背景下，武汉锅炉厂在 1961 年开始承担国家核能工程设备制造任务。1966 年，武锅制造出我国第一套石墨－水冷反应堆设备，填补了我国生产核功能设备的空白，为国家国防工业与原子能工业的发展提供了坚实的基础与支援力量。除此之外，武汉锅炉厂还在国家对火力发电站燃料品种多样化的指示下，将煤粉式褐煤锅炉、天然气锅炉、高压煤粉锅炉等产品制造出来，推动了我国相关领域的发展。1969 年制造出核能工程堆内构件。在 70 年代，武汉锅炉厂完成了诸多项目，其中的部分项目及工艺先后荣获全国、省市级奖项。1973 年，完成了 75 吨／时立式旋风炉项目。1974 年，完成了管道全位置脉冲等离子弧焊项目和锅炉联箱端部旋压收封工艺。1977 年，完成了少无切削冷挤压新工艺和长伸缩式吹灰器等项目。除此之外，武汉锅炉厂还生产出特低型自然循环 220 吨／时高压进洞电站锅炉、中（高）压液态排渣锅炉、超高压中间再热劣烟煤锅炉，为我国加强三线建设的计划增添助力。①

1985 年，武汉锅炉厂所生产的电站锅炉品种较多且适用范围广泛，其生产的黑液锅炉在 1989 年荣获国家优质金奖。1990 年，武汉锅炉厂取得国际通用的美国机械工程师协会授予的锅炉及压力容器授权证书及相应的压力容器规范"U"钢印和动力锅炉"S"钢印。1991 年武汉锅炉厂成为武汉市第一批通过机电部确认的"国家特级安全企业"。1993 年武汉锅炉厂被国家认定为首批四十家企业技术中心之一，在 1995 年

---

① 彭小华主编，武汉市政协文史学习委员会等编：《品读武汉工业遗产》，武汉：武汉出版社，2013 年，第 193—195 页。

则获得中国商检质量认证中心颁发的质量体系注册证书。

现如今，武汉锅炉厂在经过改革调整、被阿尔斯通公司收购后，是中国最大的环保锅炉生产基地，拥有满足中国 GB 标准、美国 ASME 标准、欧洲 EN 标准以及这些主流标准的混合标准等制造能力，在创新研发、工程设计、生产制造、产品质量等方面都达到世界顶级水准。

武昌造船厂生产技术

武昌造船厂是中国船舶重工集团公司所属的现代化大型工业企业，我国重要的军工生产基地和以造船为主的大型现代化综合性企业，也是我国船舶工业公司的骨干企业之一。武昌造船厂对自身不断创新超越，曾荣获"全国质量效益型先进企业""全国技能人才培育突出贡献奖"等荣誉。

武昌机厂是武昌造船厂的前身，于 1934 年湖北省建设厅航政处利用当时的南纱局所创办。1945 年，因抗日战争迁址的武昌机厂迁回武汉，在接收日伪工厂等机构后易名为湖北省机械厂。建成后至 1949 年，湖北机械厂因局势动荡、国力较弱而少有技术创新，仍处于学习模仿他厂技术工艺的境况中。武汉解放后，武汉市军管会接管湖北机械厂。1950 年，湖北机械厂改属中央人民政府重工业部船舶工业管理局领导。在这一时期，湖北机械厂在积极完成工作的同时，十分注重工厂自行设计制造能力，工厂自行设计制造了我国第一艘绞刀式挖泥船"洞庭号"，并新建拖轮、钢驳多艘，为工厂全面建设打下基础。

1953 年，湖北机械厂被列入国家"一五"计划 156 个重点项目之一，被正式命名为武昌造船厂。工厂成立后，积极对苏联造船管理方法和生产技艺进行学习和推广，其中以深触电焊法、高速切削法等生产技艺和建立质量检验制度为代表。经过学习建设后，工厂的制造设计水平大幅度上升，自行设计制造并安装了以荆江分洪闸门及绞车等一系列工程。该时期是武昌造船厂的全面建设时期，结束长期分散经营局面后的武昌造船厂对自身生产技术进行了较大的改进与发展。1954年苏联专家委员会来华研究舰艇转让，参与了部分操作流程与工艺规程等技术工艺相关规章制度的制定，并针对军品生产的要求提出修改工厂设计等意见，对武昌造船厂的技术改进起到了重要作用。同年，为适应军品生产任务的要求，武昌造船厂的技术管理工作取得一定进展，使其生产技术水平提高。1955年随着武昌造船厂第一期基本建设工程基本完工，船台、码头等全新建筑设施的陆续建成，提高了武昌造船厂的设备实力和生产能力。在1958年至1959年期间，武船依托现有设备和生产技术，自行设计制造出多刀研磨机、快速攻丝工具、电镀钻等工具，并在相关杂志上进行修造船工艺先进经验分享，为中国船舶制造行业的发展提供了很多助力。1976年，武昌造船厂与哈尔滨军事工程学院等单位联合试制了"7103"型深潜救生艇。

随着改革开放的进行和国民经济的快速发展，武昌造船厂为适应新的社会需求，于80年代开始进行沿海运输的5000吨级散装货轮的小批量生产，并于1983年建成了长江流域第一艘豪华型游船"扬子江"号，为推动长江旅游事业发展发挥了很大作用。1982年，武船设计制造的"33"和"10"产品分别获得国家银质奖和优质奖。1985年，武昌造船厂为联邦德国鸿林公司建造多用途货轮1艘和挪威服务于石头开发的三用工作船6艘，为武昌造船厂打开了国际船舶市场。20世纪90年代，武昌造船厂新建深潜研制中心和电子计算机中心，其制造的深潜救生艇填补了我国深潜技术的空白，制造的我国第一艘"鱼鹰一号"深捞潜器使我国跨入了这一专业技术的世界先进行列。[①]

    "九五"以来，面对竞争日益激烈的市场和全新的社会需求，武船加大技术改造力度，引进先进设备，新建成大型装焊厂房、现代化管系加工车间等工厂设施，引进和自行研制了213吨平板车、大型悬臂焊机、自动焊机、钢板矫平机等先进设备，加强了工厂的生产研制设计能力。除此之外，武船还在"九五"期间制造了大量居于国内领先水平的产品并积极参与航天工程项目，其中包含我国第一艘自行设计建造的最大的挖泥船和国内第一艘海底管线检修船、酒泉航天设施和西昌卫星发射塔架的建造，武船在自主创新和产品质量方面取得了傲人成就和大众赞誉。

    进入21世纪，面对信息技术的发展，武船积极转变造船模式，推进数字化造船，取得了诸多成就，如2002年工厂建造出同类型船舶最短建造周期纪录的三艘6500HP多功能守护船，体现了武船的先进生产力。在积极发展生产力的同时，武船还积极参与重大项目建设及技术工艺的研究，2001年8月，武船完成了三峡永久船闸工程的南线工程和浮式检修门的制造并顺利通过验收。2002年又多次夺得长江三峡水利枢纽工程项目。同年10月28日，武船与总装备设计研究总院联合组建的中国南方舞台设备加工制造基地成立。2009年2月28日武昌造船厂改制为武昌船舶重工有限责任公司，隶属于中国船舶重工集团公司。随着经济体制改革的不断深入与国际国内局势的不断变化，武昌造船厂充分发挥其设备以及技术优势，积极进行技术创新，加强企业管理，逐渐

---

① 中国人民政治协商会议武汉市武昌区委员会编：《武昌文史 第6辑》，武汉：中国人民政治协商会议武汉市武昌区委员会，1990年，第57页。

形成了较为合理的产品结构，为社会主义建设做出更大的贡献。①

现今，武船集团坚持以创新驱动企业发展，根据现代集成制造系统的理念、按照企业信息模型构造的基本思路进行信息化建设。现在武船的三大厂区已成为我国海军装备和国家公务船研制建造基地、军工军贸建造、试验、调试基地、船舶及海洋工程配套装备研制生产基地、国际一流的桥梁和重型装备制造基地、我国重要的民船海工建造基地和大型舰艇维修、制造及试验试航的动态保军基地。

武昌车辆厂生产技术

武昌车辆厂是中车长江车辆有限公司组成部分之一，公司主要从事铁路货车产品的研发、制造、维修和服务，同时兼营铁路城轨车辆维修、铁路车辆配件和自产机电产品的销售及出口业务。现在建有铁路货车产品研发中心、铁路货车制造基地等，并设有研发中心等，是我国唯一研制开发铁路冷藏运输设备的大型骨干企业。

武昌车辆厂筹建于 20 世纪 40 年代，于 1947 年 3 月开工，在经过 50 年代恢复和改扩建后，武昌车辆厂形成规模，生产厂房面积达到 4 万多平方米，设备完备。为满足日益增长的铁路运输要求，1965 年，铁道部对该厂进行改扩建，为武昌车辆厂技术创新增添物质基础。1972 年武车增设生产装卸机械化设备，汽油机车间及设备的设计、施工均由工厂负责。

---

① 《当代湖北工业》编辑委员会编：《当代湖北工业 企业卷》，北京：经济日报出版社，1988年，第 672—674 页。

在我国机械冷藏车长期依靠进口的背景下，1986 年我国政府和民主德国政府签署合作协议，武车从民主德国进口 1000 辆机械保温车，并引进了机械保温车的制造技术。1987 年，工厂对修造机保车技术开始进行改造。经过多年的技术攻关，武车通过改造旧设备、翻译学习外国资料，在 1990 年 12 月生产出第一组 B22 型散件组装车，通过了德方专家鉴定。1993 年 7 月，武车自行设计制造的首套 B23 型机械冷藏车组通过热工试验，达到设计要求，车组生产工艺达到了国际同类产品的先进水平。1994 年，B6A 型加冰冷藏车试制成功。1995 年工厂正式进行相关产品的生产。① 在这一时期，武车在吸收借鉴外国技术的基础上，使 200 余种国内原材料完成转化，并进行了大规模工艺调整 4 次，制造出多套工艺设备。1995 年 4 月，武车完成了采用夹层结构技术制造的单节机械冷藏车的研制，填补了国内相关领域的空白，技术位列国内领先水平。②1991—2000 年期间，武车通过技术改造和技术引进，设计创新能力大大提升，成为中国铁路冷藏运输设备开发研制基地。2001年，武车成为中国南方机车车辆工业集团公司铁路车辆制造的专业企业。2006 年武车完成 P70 型棚车样车和 B15K 型客车转化设计和军用包装箱试制工作。2007 年完成了 404 厂 TP9 型货车的设计改造和 DF–31A 车组定型生产的设计工作，开拓了更广阔的市场并推动了我国相关领域的发展。同年 11 月，武车搬迁并与江岸车辆厂、南车集团旗下 5 家车辆厂整合成立中国南车集团长江公司。

现今，中国南车集团长江公司通过战略规划、产品研发、市场营

---

① 中国铁路机车车辆工业年鉴编辑委员会编：《中国铁路机车车辆工业年鉴》，北京：中国铁道出版社，1994 年，第 313 页。

② 中国铁路机车车辆工业总公司年鉴编辑委员会编：《中国铁路机车车辆工业总公司年鉴》，北京：中国铁道出版社，1996 年，第 301 页。

销、物流管理等核心工作，实现了集约化经营、集中性研发、规模化生产和专业化协作。除此之外，公司积极倡导求新、求快、求实、求优的工作作风，与时俱进，积极对外交流，努力营造求新的氛围，谋求技术工艺的进步与变革，促进了公司运营效率和整体经济效益的提高。

武汉印染厂生产技术

武汉印染厂是武汉第一家生产印花布和涤棉印染布的企业。为武汉现代印染工业的发展奠定了基础。该厂于 20 世纪 50 年代被列为国家第一个五年计划建设项目之一，同时也是湖北省乃至中南地区规模最大的现代化印染厂之一。武汉印染厂曾获湖北省第一批扩大企业经营管理自主权单位，其产品曾获国家银质奖、纺织工业部优质产品、省优质产品等称号。

武汉印染厂前身是上海天一印染厂，1957 年为填补中南地区印染工业的空白，在得到了上海市人民政府的支持后，内迁武昌，并定名为武汉天一印染厂。1958 年，工厂正式投入生产，定名为公私合营武汉天一印染厂，于 1966 年改名称武汉印染厂。

60 年代初，由于受到"大跃进"浪潮的影响，武汉印染厂提出技术革新实现"一波、二气、三遥、四化""低冷湿工艺"等脱离实际的项目，使工厂生产技艺创新活动转向低潮。在党的八字方针的指引下，工厂积极进行整顿，学习上海经验，加强技术改造，更新改造设备，改进了工艺技术，使工厂的自主创新能力得到较大提升。在这一时期，武汉印染厂通过改造更新设备和自制励磁滑差 V.S. 电动机，使部分间歇式生产设备进入连续化生产。生产原料上也淘汰质量较低的盐基染料，采用更好的水染料和活性染料，并采用更好的悬浮体士林轧染新工艺和印地科素轧染工艺，提高了产品质量和生产技术水平，使工厂产值产量不断提高。随着合成纤维应用在国内的逐步扩展，印染整理工艺也面临着技术改革，1972 年，武汉印染厂派人到上海进行相关技术的学习参观，归汉后便自制设备，运用土法生产出了涤棉染色布，填补了当时湖北省涤棉染色布的技术空白。工厂在 70 年代初筹建涤棉生产车间并争取到轻工部后续下达的一系列项目，使涤棉印染布于 1974 年逐步扩大生产。①

进入改革开放阶段后，受党的工作重点转移至社会主义现代化建设上的决策影响，武汉印染厂员工的生产积极性得到极大鼓舞，在上海纺织促帮队的帮助下，武汉印染厂开展了以优质高产低消耗、多品种、高效益的增产节约运动，全厂对上海生产技术上的先进经验进行了认真学习和推广，提高了工厂的技术水平，改进技术使工厂产品品种增多和质量提升，生产得到全面提高。1979 年至 1981 年武汉印染厂多次获得武汉市质量先进企业，印花布成为了湖北省和武汉市的拳头产品。1980年，武汉印染厂生产的采用喷蜡雕刻新技艺的"天雁翎"大花直贡在全国纺织产品质量评比中获得国家银质奖，多项产品获得纺织工业部优质产品称号。1981 年武汉印染厂的生产产值利润突破历史纪录，在武汉市名列前茅，被评为纺织系统一类企业和武汉市先进企业。1978 年到1988 年间，武汉印染厂共开发了印花巴厘纱、树皮绉、纯涤纶印花等多种新产品，获得多项国家和省市级创新设计奖。② 在第一至四届全国

---

① 中国人民政治协商会议湖北省委员会文史资料委员会编：《湖北文史集粹 经济》，武汉：湖北人民出版社，1999 年，第 107—109 页。

② 中国人民政治协商会议湖北省委员会文史资料委员会编：《湖北文史集粹 经济》，武汉：湖北人民出版社，1999 年，第 109 页。

优秀印花图案设计评比会上，武汉印染厂也表现不俗，多次名列第一。在科学技术创新上，武汉印染厂也取得很大成效，武汉印染厂通过研制花筒喷蜡多腐蚀工艺、大花雕刻大面积使用和改进树脂整理机等技术使织物的刷洗牢度提升，提高了产品的使用效率，这些技艺也获得了武汉市的科技成果奖。

随着 90 年代国内市场的开放，武汉印染厂也逐渐扩大业务范围，在引进欧美国家的先进设备与技术的同时，探索多品种产品生产途径，以适应市场需求。在这一阶段，武汉印染厂的产品除部分出口销往国际市场外，产品大多销往全国各地，获得了国内国际市场较高赞誉。

进入 21 世纪后，武汉印染行业逐步萎缩，受经济结构变动及城市功能转换等因素的影响，整个行业处于低谷阶段。武汉印染厂债务沉重，且其生产设备在巨大债务影响下难以进行更新，产品质量与档次迅速下降，于 2000 年申请破产。

以武汉重型机床厂、武汉锅炉厂为代表的各大工业企业在历史发展过程中不断追求创新，许多技术位居全国先进水平，突破了当时生产技艺的限制，大大推动了全国各大相关行业的发展。虽然这些技术可能已被快速发展的时代淘汰，但是其历史价值及产生的社会效益值得社会去重视、保护及利用。其中一些被保存下来的生产机器及生产流程可以如改造后的德国鲁尔区一样，借它们来展现新中国成立初期武昌地区工业发展风貌，展现工人群体的奋斗创新精神，以此来开展爱国主义教育。

九、与工业生产相关的
人物故事及口述史

　　口述史又被称为口碑史学，是指以搜集和使用口头史料来研究历史的一门学科。武昌工业发展历史悠久，规模逐渐壮大，而相关企业建设发展过程中的亲历者、见证者及其中的传奇人物数量也十分之多，使得口述史资料极为丰富且有许多与工业生产相关的人物故事。其中最为人熟知的有武重机床厂的"劳动模范"马学礼、民国实业家曹南山及其家族等人的传说。

　　以马学礼相关故事为例。山东人马学礼于1957年任武汉重型机床厂一车间重大件工部工长，是全国机械工业战线上著名的劳动模范和革新能手。在武汉重型机床厂的生产生活中表现优秀，形成了被简要概括为"见困难就上，见荣誉就让，见先进就学，见后进就帮"的"马学礼精神"。1957年，马学礼被调至武汉重型机床厂。在某次生产作业中，马学礼发现工厂加工滑枕零件所使用的工艺劳动强度大，工作效率低，并且浪费钢材。马学礼结合在苏联学习的技术，采取使用套料刀加工的办法，虽然武重厂没有套料刀，但马学礼通过自己的才智动手设计制造出了满足生产要求的套料刀。套料刀制成后，大大提高了劳动生产率，降低了劳动强度，得到了广大工人群众的欢迎和称赞。武重党委对马学礼的创造也十分重视，号召全厂职工学习他的创新精神和高度的主人翁责任感。但马学礼没有满足已经取得的成绩，他进一步总结经验，虚心学习，反复试验，在没有生产技术资料的情况下试制成功了高速套料刀，又使劳动效率提高数倍。高速套料刀由于在当时的中国属于先进技术而被推行至全国，受到全国工人群众的赞赏。不久，在武重厂的大力支持下，马学礼经过长时间的思考、观察、设计和试验，又成功地制造出外旋风铣和创造出往返行程吃刀法，使劳动效率又提高了几十倍。这几项成果长时间内都处于全国领先地位，大大推动了我国机床行业的进步。1959 年，马学礼向上级提出革新建议 340 多条，最终被采纳 60 多条，为国家创造了 12 余万元财富。不仅如此，他还实现了"深孔套料刀""外旋风铣""多刀铣蜗旋牙条""蜂窝胎具"等技术工具的重大革新，为整个行业的发展作出了显著贡献。[①] 马学礼除了自己带头开展技术革新活动，还乐于帮助后进，积极向青年工人无私传授技术。在他的带领下，从 1959 年 12 月到 1960 年 4 月，武重全厂推广技术革新 2000 多项，大大提高了机械化、半机械化程度和劳动生产率，工厂得到迅速发展。由于马学礼的杰出贡献，武重厂党委发出号召，开展"学习马学礼，赶上马学礼，超过马学礼"的群众运动。

口述史及工业生产相关的人物故事、传说作为非物质遗产，具有历史、科学、教育等价值，对它们的收集保护利用工作有助于更好地体现工业遗产的工业精神，使后人铭记先人创业之艰苦，学习他们的优良品德。而武昌口述史及工业人物故事资料的现状不容乐观，虽然以马学

---

① 武汉市情编辑部，武汉市档案馆：《武汉大典 第 1 卷 1949—1976》，武汉：武汉出版社，1998 年，第 534 页。

礼为代表的武昌工业人物事迹和口述史资料十分丰富，但因相隔年代久远，亲历者及见证者大多年岁已高且群体数量越来越少，相关资料尚不具备系统性且数量较少。鉴于此，为了保护有关工业生产的人物故事等非物质遗产，社会应积极采取措施抢救口述史及相关文字资料，在抢救过程中要尤其重视企业建设的组织者、工程师、老工人，积极去拜访慰问这些群体，采用录音录像等方式将口述资料记述下来，最终形成文字图像资料帮助武昌工业遗产的研究工作和保护利用工作的开展，并将它们留存下来供后世学习研究。

十、工业企业档案资料

　　根据最新版《中华人民共和国档案法》对档案的定义，我们可以得出工业企业的相关档案资料是指工业企业从事经济、社会、科技等活动直接形成的对国家和社会具有保存价值的各种文字、图表、声像等不同形式的历史记录。在以史书典籍记录历史传统的影响下，随着武昌工业发展的不断完善，工业企业的相关档案资料大多以文字及图片的形式留存下来，大多藏于大型工业企业的专门档案馆、省市区档案馆及工业志和行业志等中。加上近年来武昌区、街道修撰志书的潮流，一些工业企业的相关资料被挖掘和整理，形成较为完善全面的文字图像资料，部分还包含珍贵的音像资料。

　　根据调查研究，武昌工业企业及武昌工业发展相关的档案资料主要留存于武汉市档案馆及武昌区档案馆中。武汉市档案馆中所藏资料时间跨度为1919年至2020年，数量多达上千册，内容涉及工业企业中的公司组织、计划及总结、股务、生产经营概况、企业产权、财产、工会及工人运动等详细资料以及武昌工业发展重要组织及数据等简略资料。武昌区档案馆馆藏工业企业相关档案资料共有上百卷，时间跨度为1949年至今，涉及具有代表性、典型性的工业企业单位，内容为企业组织人事、财务税务、企业改制、生产经营数据等，是武昌工业企业单位档案的集中分布点之一。

　　除武汉档案馆和武昌区档案馆留存的大量相关档案外，还有湖北省档案馆、中国第一和第二历史档案馆中存有的少量武昌工业档案文件。湖北省档案馆留存的相关档案主要为武昌资本主义工商业的社会主义改造和政府部门档案内涉及武昌工业发展的部分。中国第一历史档案馆存有的档案主要为部分武昌工业企业的相关资料。中国第二历史档案馆内留存的主要为抗战时期国民政府部门中关于部分武昌工厂内迁事宜的相关档案。除档案馆外，武昌工业档案资料广泛存在于工业企业档案室、市区志、街道志及工业史籍中。其中具有代表性的书籍为《武昌重型机床厂厂志》《武昌区志》《武汉工业志》《中国近代纺织史》《武汉文史资料》等。综上所述，武昌工业企业相关档案资料由于历史变迁等原因而使得分布较为分散，内容大体完整全面，但部分档案资料缺失严重。

十一、可以博物馆形式展现的工业遗产

　　工业遗产不仅从一个侧面记录了我国近代饱受列强凌辱的历史，同时也见证了近现代工业文明的发展历程。武昌作为我国近代重要的工业发源地，相关遗产种类颇多、遗存丰富，展现着工业聚集区的独有特点和文化个性。在近百年的发展历程中，武昌地区的工业遗产饱经风霜，或在炮火轰击下荡然无存，或随着20世纪80年代中期开始的城市产业结构调整，被一一拆除。[①] 面对这类已无遗迹可循的工业企业，武汉市推出工业遗产非实物保护模式，对已消失的重要工业遗产，在遗址位置以软性保护、虚拟复原等方式，或将企业名称与地名、街名、巷名结合，同时对老设备、厂史、档案等遗存放入工业博物馆集中保护展示。[②] 如湖北纱麻丝布四局、耀华玻璃厂、华升昌布厂等已消失的工业企业都可以此形式进行非实物保护。

　　目前，国内外已有部分地区通过此种模式保护工业遗产，可为我

---

① 单霁翔著：《从"馆舍天地"走向"大千世界"——关于广义博物馆的思考》，天津：天津大学出版社，2011年，第221页。
② 资料来源：《湖北日报》。

们做参考、借鉴之用。美国马萨诸塞州的洛厄尔作为美国工业革命诞生地，在走向衰落以及梅里麦克工厂被全部拆除后，先后成立洛厄尔工业遗产公园、洛厄尔国家历史公园和洛厄尔历史保护委员会，发展工业遗产公园的文化项目，促进人们对洛厄尔工业建筑和运河保护意识的觉醒；在武汉市硚口区，武汉铜材厂厂房被改造为硚口民族工业博物馆，展出大量工业实物、图片资料，并运用了现代先进技术，保留或复原明末清初古典建筑风格；黄石市工业遗产保护中心利用工业遗产老照片在黄石矿博园内举办"古今辉映、梦回晶彩"黄石工业遗产专题照片展，集中展示 80 多张（其中包括大量绝版老照片）照片，追忆矿冶工业文化。①

湖北纱麻丝布四局

　　湖北纱麻丝布四局是缫丝、纺纱、制麻三局与湖北织布官局的合称，简称"纱麻四局"。四局的建成投产构成了武汉近代较为完整的纺织工业体系，成为当时中国中部地区最大的纺织工业企业群。② 清光绪十四年（1888 年），两广总督张之洞看到纺织为大利所在，拟在广州设立织布纺纱官局。因李鸿章已为上海机器织布局奏准"专利十年"，张以不侵"沪局之本"，商得李的同意，遂委托驻英大使刘瑞芬与英国柏拉德等公司订立购买机器合同。光绪十五年（1889 年），张之洞派官员

---

① 资料来源：黄石市人民政府官网 http://www.huangshi.gov.cn/
② 武汉市武昌区地方志编纂委员会：《武昌区志（上）》，武汉：武汉出版社，2008 年，第 332 页。

从英国订制、购买的一批纺织机械，原预备在广东筹设织布纺纱官局，后将机械运往武昌，次年，于武昌文昌门外施工兴办湖北织布官局，后于光绪十八年（1892年）正式投产开工。湖北织布官局设有布机1000台，纱锭3万枚，动力1200匹马力，聘用10多名外国技师和2500名员工，月产布2000米，产品在国内十分畅销，投产当年盈利36万两白银，被时人称道"所产布匹甚为坚洁适用，所纺棉纱坚韧有力"。光绪十九年（1893年），张之洞派员前往上海学习缫丝技术，次年在武昌望山门外兴办缫丝官局，光绪二十二年（1896年）建成投产，设有缫车300台，雇有织工300人，产品全部运销上海。光绪二十年（1894年），张之洞又在文昌门外兴办湖北纺纱官局，三年后建成，有纱锭5万枚。后鉴于湖北盛产苎麻，张之洞于光绪二十三年（1897年）请德国瑞记洋行的商人兰格从英国购买、引进纺麻机器，次年在武昌平湖门外兴办制麻官局，光绪三十二年（1906年）建成投产。制麻官局聘请日本工程师指导，生产的产品有细斜纹葛麻布及各种型号的麻纱。

四局初为官商合办，后改为官办。其后因连年亏损，于1902年租给粤商应昌公司经营。1911年6月至1912年12月（宣统三年五月至民国元年十二月）为大维公司承租时期。1913年1月至1923年12月又为楚兴公司所租。此后至1927年2月由楚安公司承租。北伐军克复武汉后，由湖北政务委员会接管，并取消楚安公司承租权。后由开明、福源两公司短期承租。1928年8月湖北省政府改为官商合办。1938年5月，国民党湖北地方政府收归官办，部分机器迁往陕西宝鸡，其余机器厂房留湖北者，后均为日本侵略军所破坏。①

---

① 中国近代教研室编：《中国近代史辅导材料》，辽宁大学历史系，1977年，第308页。

耀华玻璃厂

清末，清政府在白沙洲地区筹建官办造纸厂、平板玻璃厂等官办工业企业，耀华玻璃厂于清光绪三十年（1904 年）由商人蒋可赞以 69.9 万元在保安门外开办，是武昌最早的民族资本主义工业企业之一，也是中国最早的制造平板玻璃的工业企业。其设备购自德国，并聘有德籍技师。该厂采用拔筒法工艺，首次在武汉生产平板玻璃。溶解炉一次可处理硅砂 400 担，每日耗煤 24 吨，燃料分别来自江西萍乡和日本。生产的产品主要是平板玻璃和玻璃器皿，其中日产玻璃窗片 4 吨、玻璃器皿 2 吨。因为工厂所在地距离原料产地较远，运输不便，再加上当时外商企业生产的玻璃大量在中国倾销，耀华玻璃厂的经营日渐艰难。1910 年，玻璃厂所有者不得不将其转让给上海源丰润商号，后者曾引进比利时弗克法公司生产的有槽垂直引上法的 2 机窑工艺设备，因种种原因未能投产。[①]1911 年耀华玻璃厂倒闭后，于 1920 年改名为湖北玻璃厂恢复生产。1945 年，耀华玻璃厂被日本人占用，生产设备均遭损毁，仅能生产药瓶，平板玻璃停产。耀华玻璃厂旧址位于保安门外，厂址现已不存在。

华升昌布厂

华升昌布厂于清光绪三十年（1904 年）由汉口的程雪门兄弟在武昌箍桶街投资白银 1000 两创建，以生产电光绸色织布为主，是武汉市

[①] 湖北省地方志编纂委员会编：《湖北省志·工业（下）》，武汉：湖北人民出版社，1995 年，第 1227 页。

最早的色织厂。该厂始办期间有织机 30 台，后扩大到 70 台。经仿制官布局布机成功后，人力新式布机织新式"土布"，粗纱改用细纱，幅宽增至 2 尺多，长度增至 48 至 60 尺，当时市场上称之为大布，大布除少量白胚布外，大量为色织布。[1]

华升昌布厂旧址位于武昌箍桶街，厂址现已不存在。

湖北广艺兴公司

湖北广艺兴公司总号于光绪三十二年（1906 年）在武昌三道街成立，由候补道程颂万总办。该企业开办资产为 4 万元，主旨是"推广手工，改良土产、维护中国利权"。其附属发售所（发行总号）在汉口一码头，造纸厂、制纸徒弟学校及石印彩色图书馆在汉口大智门外，印书馆（亦称博罗中西印书馆）在武昌大朝街，竹木漆三科十四家厂分散在武汉各地，绒绣科在三道街。综合其总类主要有造纸、印刷、木工、漆工、竹工、刺绣六种，还培养了从事上述技能的徒弟 12 人。该公司的筹办源于张之洞的设想，在其支持下于 1906 年 5 月开始运作。造纸厂骨干技术人员皆来自毕业于横滨松田工厂的日本留学生，该厂的产品曾获北京商部的褒奖。武昌的两湖劝业工厂于 1906 年 4 月开业，该工厂所生产的产品与湖北广艺兴公司关系十分密切，该厂的产品及其收益成为武昌官场的有力后援。[2]

湖北广艺兴公司原址位于武昌三道街，厂址现已不存在。

---

① 万邦恩主编，《武汉纺织工业》编委会编：《武汉纺织工业》，武汉：武汉出版社，1991 年，第 9 页。

② （日）水野幸吉：《中国中部事情：汉口》，武汉：武汉出版社，2014 年，第 66 页。

武昌水电厂

武昌水电公司于光绪三十二年（1906年）冬在城南紫阳桥创办，其前身是武昌电灯公司电厂，由鄂南周秉忠报请张之洞批准，招集商股278万元，作为官督商办，规定开办获利后，每年以赢利20%报效官府。该电厂迟至1915年1月20日投产发电，其境况与既济水电公司一样艰难。1922年因长期水源不足，迁至武胜门外砖瓦巷建立新厂，新厂安装英产800千瓦、40赫兹旧发电机2台，老厂拟作备用，终因锈蚀老化不堪使用而拆除。

1936年武昌电灯公司电厂更名为武昌水电厂，工厂安装50赫兹、2300千瓦和800千瓦交流发电机各1台，1937年4月正式发电。当时武昌水电厂共有发电机4台，容量4700千瓦。1938年日军逼近武汉，为避免发电设备落入日军之手，武昌水电厂将来不及拆卸的发电设备全部炸毁。1945年8月，资源委员会接收武昌电业，1946年10月在下新河重建武昌水电厂发电所，先行安装2台50赫兹、500千瓦快装式交流发电机以应急需。

1949年3月武昌电厂安装50赫兹、2500千瓦发电机1台，容量达到3500千瓦。1955年1月武昌电厂拆除2500千瓦发电机（同年调往广东湛江），全厂停止发电，开始安装15000千瓦发电机，1956年装竣，10月1日正式发电。1985年4月，武昌电厂15000千瓦发电机进行发电及联片供热改建工程，将原单缸凝结式汽轮机改为武汉市汽轮发电机厂生产的双轴式汽轮机，12月11日完成汽轮机改建恢复送电。武昌水电厂曾是"中南第一大电厂"，拯救过湖北电网全面瓦解于一旦的局面，但随着岁月的流逝，由于武昌水电厂的机组容量小，且其地处武汉市城区中心，发展之路举步维艰，于不久后停产。2014年，武昌热电厂地块（包括华电集团华中研发总部基地项目和湖北华电武昌热电厂职工宿舍区）以 75720 万的价格出让给湖北华滨置业有限公司。

武昌水电厂原址位于城南紫阳桥，厂址现已不存在。

虽然现如今的武昌水电厂已不在，但在现存的历史记载中，我们依稀可以窥见近代工业企业发展的曲折历程以及为其发展做出大刀阔斧改变的有志之士。1938 年，高泽厚按照上级安排来到经营不善、困难重重的武昌水电厂，细心观察厂内的一切动态，发现武昌水电厂内干部官僚主义十足、厂内工人纪律松弛等问题。在任职过程中，高泽厚每逢机器发生故障或维修都是亲临现场观察指导，并且每晚十二时左右还到发电厂视察。在高泽厚的带领下，武昌水电厂干部和工人上下齐心共同维护电机正常运转，在高泽厚离开武昌以前从未发生过停电事故。

抗战期间，武汉准备撤退之时，高泽厚奉命搬迁水电厂，为保全国家资财，他督促全厂员工日夜奋战，将一部发电设备和自来水厂全部机器装上拖船运往宜昌，但敌机沿江轰炸日日加重，为避免机器被炸损坏，高泽厚将船上甲板涂上英国旗帜，伪装成英国船只模样。船在长江运行期间，虽经敌机日夜侦查，最终未被轰炸，全部机器安全运到宜昌交给了省政府，成功完成了任务。① 成功保全了国家资财，为企业后续发展进行设备支撑。

湖北毡呢厂

湖北毡呢厂兴办于清光绪三十四年，由张之洞在武昌下新河布局官

① 中国人民政治协商会议武汉市委员会文史资料委员会：《武汉文史资料 1985 年 第 2 辑 总第 20 辑》，1985 年，第 63 页。

地建造厂房，占地约 130 多亩。湖北毡呢厂主要制织军呢毡毯，以备军警邮差及铁路人员等使用。湖北毡呢厂建成于宣统元年冬季，以候补道严开第为总办，兼招商股事宜，议定官商合办，资本总额 60 万元，除官股 30 万元已由官钱局如数发给外，所有商股，则由严陆续向沪、汉各埠及南洋荷属泗水、三宝垄、巴达维亚等埠华侨方面招募。迨至开工时，仅招得商股 182950 元；除购置机器，建造房屋，采办原料外，款已告罄，周转不灵，完全仰给于省库以资维持，一年之内已停工数次。宣统二年十二月，湖北毡呢厂由于经费亏空，停工结账。宣统三年，官钱局垫借洋 20 万元，湖北毡呢厂筹备复工，并聘请一位美国留学生为工程师，添置了化学器具等器物，开支较大。

至辛亥革命后，湖北毡呢厂厂内员工多避难离厂，工厂损失较大。国民政府接手后，将厂内存毡呢货物全部售出，但由于当时社会秩序较为混乱，工厂账目并不明确。随着国内形势的稳定，厂内各股东要求结算盈亏，工厂采买粗劣原料，赶制货物质量也极为低下，湖北毡呢厂的声誉也随之下降。1912 年，湖北毡呢厂再次停工结账，厂内员工要求按照军人退伍案例办理并得应允，全厂员工每人发放 30 个月恩饷，效果较为显著。故而全厂员工在呈请退伍后静待解决至延迟了六个月之久，月耗开支较大。同年 8 月，湖北毡呢厂将退伍款下发给员工，工厂全体解散，厂房与工厂器物由省属派实业司接收保存。次年 3 月，湖北毡呢厂清理历任账目，并彻查存货，刊印账略以备报告，股东会拟再续办，但由于款项拖欠发生纠葛，厂务再次停顿。其后有商人承办湖北毡呢厂，但仍然经营不善。①

---

① 陈真编：《中国近代工业史资料（第 3 辑）》（清政府、北洋政府和国民党官僚资本创办和垄断的工业），北京：生活·读书·新知三联书店，1961 年，第 296—297 页。